虾 蟹

料理图鉴

えび・かに・いか・たこ料理

日本柴田书店 编

刘红妍 朱凯歌 译

中国轻工业出版社

前 言

虾、螃蟹、乌贼、章鱼等都是人们喜欢食用的水产。在所有的鱼、虾、蟹、贝中，既有全年无论何地都能吃到的品种，又有像樱虾、松叶蟹、荧光乌贼、短蛸等能让我们感受到季节和产地特色的美味水产。

在餐厅中，它们是制作前菜和主菜不可缺少的原材料，如果可以熟练地掌握这些食材的处理及烹饪技巧，菜单就会一下子变得丰富起来。

正因如此，掌握与食材相关知识的重要性是毋庸置疑的，这也包括掌握其他种类食材的处理及烹饪方法，并将其广泛地应用到烹饪中。

本书能为制作日式料理、法国菜、意大利菜、西班牙菜、中国菜的主厨们提供在烹饪时的可借鉴之处：传统料理和对其进行创新的改良版料理、有趣的原创料理、丰富多样的233种菜式。

书中不仅介绍了虾、螃蟹、乌贼、章鱼等食材的基础知识，还介绍了食材的处理方法、专业厨师应该掌握的烹饪技能、人气名店的特色菜品等诸多内容。

为了进一步掌握虾、螃蟹、乌贼、章鱼料理的制作方法，请合理、灵活参照本书。

目 录

虾、蟹、乌贼、章鱼图鉴
专业的基础技术与创意料理

虾、螃蟹、乌贼、章鱼
　　身体基本构造及食材处理方式…10

虾
车虾（日本对虾）…12 ｜ 凡纳滨对虾…12
　　去除车虾的壳…13 ｜ 车虾的制作前处理…13
红爪虾…14 ｜ 天使虾（常用名）…14
异腕虾…15 ｜ 角长千寻虾…15
黑杂鱼虾（泥虾/猛者虾）…16 ｜ 樱花虾…16
　　剥下黑杂鱼虾的虾壳、去除虾卵…17
北国红虾（甜虾）…18 ｜ 牡丹虾（甜虾）…18
绯衣虾（葡萄虾）…19 ｜ 诸棘红虾（缟虾）…19
寺尾牡丹虾…19
伊势龙虾…20 ｜ 大腰折海老（蜘蛛虾）…20
海螯虾…21 ｜ 龙虾…21
九齿扇虾…22 ｜ 草履虾…22 ｜ 蝉虾…22
　　蝉虾的处理方法…23

蟹
北太平洋雪蟹…24
　　北太平洋雪蟹的处理方法…24 ｜ 煮蟹身的方法…25
　　捞出煮熟的蟹身…25 ｜ 蒸蟹味噌…25
　　北太平洋雪蟹的通称…26
红雪蟹（日本雪蟹）…27
　　对若松叶蟹进行处理…28
　　若松叶蟹蟹黄的使用方法…28
　　圣子蟹的预处理和煮的方法…29 ｜ 取出蟹肉…29
　　卵子的处理…29
高脚蟹（巨螯蟹）…30 ｜ 亚拉斯加长脚蟹…30
花咲蟹…31 ｜ 金色帝王蟹…31
毛蟹…32 ｜ 泽蟹…32
　　毛蟹的处理与水煮方法…33 ｜ 取出蟹肉棒…33
　　蒸蟹味噌…33
蝤蛑（梭子蟹）…34 ｜ 锯蝤蛑…34 ｜ 中国台湾蝤蛑…34
　　蝤蛑的处理方法…35 ｜ 取出煮好的蟹肉…35
　　蒸蟹…35
藻屑蟹…36 ｜ 绒螯蟹（上海蟹）…36

与虾、蟹类似的生物
虾蛄…37
　　煮虾蛄的方法…37 ｜ 取出虾蛄肉的方法…37

专卖店创意料理（外壳的灵活运用）
虾高汤…38
虾油…39
　　【使用虾油制作料理】虾味海鳗蛋黄烧…39
　　虾油橄榄…39
虾尾的利用…40
　　车海老虾尾酒…40
虾蟹粉…40

乌贼
太平洋褶鱿鱼…41
　　白鱿鱼的处理方法…41
枪乌贼…42 ｜ 剑先乌贼…42 ｜ 荧光乌贼…42
　　对煮好的荧光乌贼进行预处理…42
甲乌贼（墨鱼、金乌贼）…43 ｜ 障泥乌贼…43
　　障泥乌贼的处理方法…44

章鱼
真蛸…45
　　真蛸的预处理…45
水蛸（北太平洋巨型章鱼）…46
　　水蛸足的预处理…46
短蛸…46

虾、螃蟹、乌贼、章鱼
丰富多样的菜式

～～～～～～　虾　～～～～～～

对虾
芜菁、鲜虾真薯…48
对虾球　清汤做法　海葡萄　臭橙…49
对虾　荧光乌贼　西蓝花　芥末醋味噌…49
手握虾和烤茄子　醋冻…49
鲜对虾…52
海老芋　虾末…52
鲜虾沙拉…53
对虾和开心果古斯古斯　红辣椒沙司…53
蒸对虾　茄子奶酪半月形点心　金黄色番茄
　　沙司…56
炸对虾　搭配柠檬醋…56
炸对虾…57
炖猪蹄对虾…57

天使虾※通用名
蒜蓉天使虾…60
西班牙甜红椒填充料理…61

鸡肉炖虾仁…61

车虾·黑杂鱼虾〈泥虾、猛者虾〉

虾仁海老芋…64

烤双沟对虾　番茄西葫芦搭配番茄沙司…65

泥虾帽状意面　甲壳类沙司　南瓜泥意式
　　腌肉脆…65

凡纳滨对虾

白姬虾蛋黄酱　芒果生汁虾卷…68

白姬虾　自制豆腐干　拌韭菜（韭菜豆干虾）…68

角长干寻虾〈辣椒虾〉·蓑衣虾〈幽灵虾〉

熏制猪膘辣椒虾　发酵紫甘蓝…69

腌制幽灵虾　紫洋葱调味汁　搭配湘南黄金柑…69

红丹虾〈藻虾〉

马克杯面条…72

藻虾、蚕豆、薄荷　罗马乳酪沙司…72

塔罗克橙搭配细通心粉　藻虾、松子、葡萄干
　　沙司…73

北国红虾〈甜虾〉·牡丹虾·寺尾牡丹虾·绯衣虾
〈葡萄虾〉

日式甜虾塔塔酱…76

甜虾、塔罗克橙、茴香沙拉…76

甜虾薯蓣海带玉米热狗…77

拌甜虾（活）…77

牡丹虾和阿尔巴尼亚白松露…77

南乳·番茄沙司腌牡丹虾（南乳牡丹虾）…80

牡丹虾塔塔酱和油炸虾味米粉脆　乳酪、
　　葡萄酒醋…80

牡丹虾搭配扁豆海胆…81

牡丹虾和葡萄　土佐醋冻…81

牡丹虾球　圣护院芜菁高汤　柚子…84

牡丹虾菜花汤…84

3种豆类搭配寺尾牡丹虾…85

寺尾牡丹虾刺身（活）…85

鲜葡萄虾片…85

诸棘红虾〈缟虾〉

缟虾冬瓜翡翠煮…88

白拌缟虾柿子…89

缟虾鱼翅冻　猛者虾河豚皮冻…89

团扇虾·蝉虾

团扇虾松茸…92

蝉虾、番茄、牛油果鸡尾酒　血玛丽…92

藜虾·大腰折虾〈蜘蛛虾〉

藜虾鸡肝　辣椒酱…94

恶魔风手长虾　意式辣椒番茄酱…94

蜘蛛虾、芝虾、意式野菜天妇罗…95

伊势龙虾

阿尔盖罗风伊势龙虾…98

伊势龙虾和法国百合泡菜　添加法国
　　百合酱…98

伊势龙虾汤…100

黄油蛋黄烤伊势龙虾…100

龙虾

龙虾蚕豆番红花沙司…101

芸豆炖龙虾…101

龙虾饭…104

龙虾烩饭…105

熏制辣椒风味炖龙虾…105

樱虾

银杏饼、樱虾乌鱼子干…108

融入香菜味道的塔廖利尼　辣椒·油·蒜味
　　樱虾…108

樱虾　炸春卷…110

樱虾水芹饭…110

樱虾酱炒青菜…111

胡萝卜拌樱虾…111

河虾

杭州传统油爆虾…114

虾仁烂糊白菜…115

酒酿圆子烧河虾…115

虾子

虾子拌面…118

虾子锅塌豆腐…118

～～～～～　蟹　～～～～～

北太平洋雪蟹

清汤绣球蟹…119

蟹真薯…119

海带雪蟹…122

树芽味噌拌雪蟹乌贼…122

蟹冻拌蛋黄蒸蟹…122

花雕芙蓉蒸蟹…123

翡翠银杏豆腐蟹…123

松叶蟹鹅肝布丁…126

若松叶蟹地蛤汁…126

芜菁蒸松叶蟹…127

蟹肉蒸饭…127

蟹肉饭…130

黄金蟹焖饭…130

黄金蟹煮白鱼…131

莴苣茎拌松叶蟹…131

菊花桃蟹汤…131

圣子蟹 ※雌性雪蟹
鱼子沙拉蟹…134
花雕醉蟹…134
海带蒸蟹…136
焗烤蟹…136

帝王蟹
山椒汁浇蟹…138
海边美食：烤帝王蟹和烤乌鱼子…138
白子拌蟹肉…139
葡萄柚水煮蟹…139
海莴苣蟹肉汤…142
芜菁蒸蟹…142
砂锅炖白子蟹肉…143
蟹肉蘑菇蒸饭…143
炸熘帝王蟹…146
泡子姜白菜蟹煨面…146

高脚蟹
番红花高脚蟹烩饭…147

花咲蟹·金色帝王蟹
柑橘花咲蟹…150
烤蟹足…150

毛蟹
圆白菜毛蟹蒸饭…150
小葱毛蟹沙拉…152
拌毛蟹…152
毛蟹海藻冻…153
土豆泥蒸毛蟹…153
白芋茎毛蟹…156
冷制奶油蟹肉饼…156
马卡龙毛蟹菠菜…157
文思豆腐羹…157
白芦笋蟹冻…160
巴斯克风焗烤毛蟹…160
威尼斯风毛蟹沙拉…161

梭子蟹〈渡蟹〉·锯蜎蜂
醉梭子蟹…164
砂锅蘑菇梭子蟹…164
泡椒年糕霸王蟹…165
梭子蟹拌素面…165
梭子蟹汤…168
番茄酱梭子蟹…169
冷制梭子蟹天使面…169
梭子蟹山椒塔塔酱…169
葛豆腐梭子蟹…169

软壳蟹
锅巴炸软壳蟹…172

咸蛋软壳蟹…172

蟹味噌
帝王蟹味噌…173
赛咸蛋…173
秃黄油菊花饭…176
蟹黄酥饼…177

———————— 皮皮虾 ～～～～～～

醋浸莼菜皮皮虾…180
皮皮虾蒸饭…180
沙拉野菜皮皮虾…181
脆皮虾…181

～～～～～～ 乌贼 ～～～～～～

枪乌贼
青豌豆煮枪乌贼…184
乌贼圈三明治…184
烤乌贼…185
乌贼汁沙司搭配乌贼条…185
乌贼须拌面…188
炭烤乌贼…188
香味炝中卷…189
竹笋乌贼…189
月冠蒸饭…192

剑先乌贼
肉馅乌贼…193
番茄炖乌贼饭…193
茄泥乌贼汁脆片…196
炸乌贼汁丸子…196
蒜香芸豆乌贼意面…197
奶油乌贼意面…197

鳛乌贼
麦乌贼麦片沙拉…200
鳛乌贼海鲜面…200
烤朴叶鳛乌贼…201
家庭版咸味乌贼…201

阵胴乌贼〈笔管〉
蜂蜜沙司乌贼香肠…204
马略卡岛风味乌贼肉馅…205
乌贼汁煮乌贼肉馅…205

荧光乌贼
荧光乌贼炒香肠鹰嘴豆…208
洋葱炒荧光乌贼…208
烤笋荧光乌贼…210
香醋乌贼皮蛋…210

玉簪拌荧光乌贼…211
款冬花茎意大利面…211
乌贼牛蒡蒸饭…214
荧光乌贼花椒饭…214
乌贼海鲜锅饭…215

障泥乌贼
烘烤圆白菜乌贼…218
烤酒盗乌贼…219
乌贼猕猴桃黄瓜沙拉…219
障泥乌贼素面…219

甲乌贼〈墨乌贼〉·乌贼〈纹甲乌贼〉
白芦笋墨乌贼…222
铁板烧甲乌贼…222
日式辣椒海鲜锅…223
棕褐色甲乌贼…223
乌贼海鲜鸡蛋布丁…226
乌贼蔬菜热沙拉…226
烩乌贼…227
甲乌贼煮肉丸…227
玉米墨珠…230
干炸乌贼…231
四川泡菜炒乌贼…231

乌贼肠·乌贼蛋〈包卵腺〉
乌贼搭配乌贼肠凤尾鱼沙司…234
酸辣烩乌贼蛋…234

~~~~~~~~~~ 章鱼 ~~~~~~~~~~

真蛸
意式腊章鱼马铃薯沙拉…235
铁板烧章鱼…238
加利西亚风味章鱼…238
烤章鱼西葫芦…239

章鱼托洛萨豆汤…239
烤章鱼…239
章鱼沙拉…242
烤章鱼　章鱼干汤…242
巴斯克风味章鱼干汤…244
酸橙汁拌章鱼干…244
香味章鱼…245
炸青紫苏叶章鱼…245
粗茶煮章鱼…248
西瓜梅干铜钱章鱼…248
赞否两论（赞否両論）风味　章鱼南瓜芋头片…249
炸章鱼…249
章鱼肝、章鱼卵、章鱼普切塔…252
红油章鱼片…252

饭蛸
饭蛸白芦笋…253
饭蛸竹笋　橄榄沙司…253
番茄煮白芸豆饭蛸…256
番茄煮马铃薯饭蛸…256
冷拌金橘饭蛸…257
红烧饭蛸芥末冻油菜花…257
熏制饭蛸…257

水蛸
芥末拌水蛸白菜…260
麻酱吸盘海蜇头…260
五彩水蛸…261
青豆瓣拌水蛸…261
秋葵拌水蛸…264
水蛸红爪虾　红葡萄酒沙司…264
薄切水蛸　西班牙冷汤…265
水蛸刺山柑番茄沙司意面…265

补充配料…268 ｜ **如何预防食物中毒**…269
参考文献…269 ｜ **厨师介绍**…270

摄影　海老原俊之　天方晴子
设计·插图　山本阳（MT creative）
文字编辑　长泽麻美

凡例

- 标题、图鉴部分的虾类、蟹类、乌贼类、章鱼类的名称，其名称（一部分是俗称和统称）放大标注，经常用到的别称则在正文部分标注。但是，与料理相关的内容中，尽可能地保留下了料理制作者经常使用的原材料名与标注（名称中含地名或使用别名），在原材料的地方用"（ ）"的形式附上了正式名称（如果别名更常用的话，则仅使用别名）。
- 与虾类、蟹类、乌贼类、章鱼类相关的数据，源自本书在编写时收集的数据。
- 虾类、蟹类、乌贼类、章鱼类的身体部位名称，存在学名和烹饪时使用的名称不同的情况，在本书的菜谱中使用烹饪者易于理解的名称标注（例如：螃蟹的腹部=蟹腹，虾的额角=爪，虾和蟹的中肠腺=虾味噌、蟹味噌，乌贼和章鱼的腕足=足，乌贼的软甲=软骨）
- 虾和蟹，一部分料理除外，其余均使用活虾、蟹。
- 在日本人气名店"产贺（うぶか）"，生的甜虾、牡丹虾等以及经沸水烫煮后从外壳中取出的螃蟹身，都会在冷藏库中放置1~2日后再使用（美味度和甜度都会增加）。

- 在人气店"比库罗雷·横滨（ビコローレ・ヨコハマ）"，做意大利面时使用的小麦粉，需将意大利的00号面粉和北海道产的高筋面粉区分使用。
- 菜谱中的橄榄油是特级初榨橄榄油的简称。
- 在人气店"比库罗雷·横滨（ビコローレ・ヨコハマ）"，均使用橄榄油，针对具体菜式橄榄油也需区分使用。
- 在使用卵制作的虾、蟹料理中，全部选用的是正处于孵卵期的雌虾或蟹。
- 本书中的短蛸均使用有子（卵）的短蛸。
- 烹调时用于计量的大匙容量为15mL，小匙容量为5mL。

产贺（うぶか）店的主厨在烹饪时会用到的工具

A: 小镊子。用于将虾身和虾子、小块的蟹肉等取出。

B: 擀面杖。在分解、处理好的螃蟹的外壳上滚压，用于挤出蟹身（蟹肉）。即使是非常细小的蟹足部分的蟹肉，也可以快速而完整地取出。

C、D、E、F: 左开刃的厚刃尖菜刀（螃蟹菜刀）。用于将大螃蟹的外壳整个切开。使用右手操作对蟹足进行削切处理时，左开刃的刀用起来更加方便。F可用于处理龙虾等体形较大的虾类。

G: 切虾专用菜刀。在切虾时使用。使用此种类型的菜刀，可以保留食材的鲜美。

H: 剪刀（大）。在切开虾、蟹的外壳时使用。

I: 剪刀（小）。用于切开体形较小的虾的外壳，以及取出蟹、虾的卵子时使用。

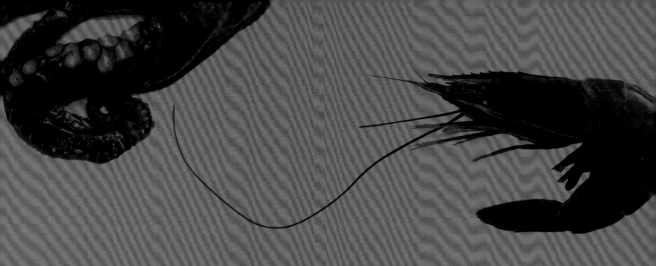

虾、蟹、乌贼、章鱼图鉴
专业的基础技术与创意料理

- 餐厅中常见的虾、蟹、乌贼、章鱼相关基础知识。
- 水煮方法、外壳的削切处理、食材的预先准备工作等相关介绍。
- 基础专业知识与专卖店的处理及烹饪秘诀等。

虾、螃蟹、乌贼、章鱼

身体基本构造及食材处理方式

身体基本构造

一般来说，虾和蟹属于"甲壳类"，之所以会这么分类，是因为在生物学中，它们都同属于"十足目"（虾蛄除外，它属于口足目）。而作为食材的虾和蟹，虽然外形有相当大的区别，但是在身体的基本构造上，却有很多共同点。

首先，无论是虾或者蟹，它们的身体都被可以分为"头部、胸部、腹部"这三个部位。但是，由于头部和胸部这两个部位被坚硬的外壳覆盖后成为了一个整体，所以这两个部位被并称为"头胸部"。烹饪时我们不应该将二者分开，如果在烹调的步骤中有"取下虾头"这一步骤，则是指将头胸部（包括外壳）整个取下来。

不论是虾还是蟹，头胸部都有各种各样的附属肢，但其中只有5对作为步足（用来行走的足）发育生长，看起来好像只有10只足，这也成为了十足目名称的由来（蟹的第一对步足是螯足，即蟹螯）。

在胸部的内脏中，我们可以享受的美味有被称为虾味噌、蟹味噌的中肠腺（消化腺），以及在日本被称作"内子"的蟹或虾等发育成熟的卵巢（未成熟的卵）。

与虾的胸部相连接的腹部，其肉质较肥厚。我们食用的虾身部位总共有六对附属肢（腹肢），也被称为游泳肢，樱虾和日本对虾（车虾）等能游泳的虾类，这个部位特别发达。那么，蟹的腹部在哪里呢？烹调时被称为"兜裆布"的部位就是其腹部。蟹类的腹部明显退化，胸部下面呈倒三角状。内侧有小型的腹肢，雌性蟹类将卵子附着在上面，并用腹肢保护它们。

抱卵与非抱卵

十足目主要可以分为抱卵亚目（腹胚亚目）和枝鳃亚目（对虾亚目）两类。除去一部分以外，绝大部分的虾和所有的寄居蟹、蟹类都属于抱卵亚目，日本对虾、樱虾等则属于枝鳃亚目。枝鳃亚目生物在产卵时会受精卵排到水中。而抱卵亚目生物的特征则是将受精卵附着在雌性的腹肢上，在孵化之前一直保护着卵子。根据种类的不同，雌性孵卵的时间段也不同。例如，雌性北太平洋雪蟹（松叶蟹）初次产卵所需要的孵化时间约为1年零6个月（第2次以后则为1年）。

螃蟹？寄居蟹？

"帝王蟹不是螃蟹，是寄居蟹的同类"这种说法我们经常听到，那么，为什么它又被称为寄居蟹呢？与将身体收进贝壳中的寄居蟹相比，不论怎样看帝王蟹都更像螃蟹。但是在生物学的分类上，它却属于寄居蟹下目（异尾下目）中的石蟹科，正是因此它才被称为寄居蟹的同类。在它的5对步足中，第一对步足是螯足这一点虽然和螃蟹相同，但是剩下的可以被看到的3对6只步足与螃蟹的步足不同。虽然它也有5对步足，但是比较小，且因为被放入了甲壳内被称作鳃室（有鳃的空间），所以从外部并不能看到这些步足。除此以外，还存在一些差别，比如雌蟹腹部的形状并不是左右对称、腹肢只存在于左侧，这些也被认为是寄居蟹类的特征。

看不到的血、自我消化与变黑、切落的足

在虾和蟹的血液中，负责搬运氧气的血蓝蛋白，与氧气结合后会变成蓝色，没有结合的状态下则为无色透明状。处理时虽然看不到血，并不表示没有血，而是因为血变成透明状，只是肉眼不能看到而已。

生物死后，会通过自身携带的酶将自己的身体分解，这个过程被称为自我消化。虾和蟹很早以前就出现过这种情况，所以在烹饪过程中，尽量使用鲜活的食材，快速进行食材的预处理，不要在常温中长时间放置是非常必要的。但是也并不全是坏处，比如对于北国赤虾（甜虾）等品种来说，将活虾去壳后直接吃，并不能品尝到它的清甜。但是如果将壳去除后，放在冷藏库中冷藏1日后，就会变成味道清甜、有一定黏度的甜虾。这也与虾的自我消化作用有关。

死后的虾和蟹放置一段时间后，不久后很快就变黑。这是由死后的自我消化而引起的。被分解的蛋白质形成酪氨酸，在与酪氨酸酶这种氧化酶的共同作用下被氧化，因此生成黑色素。为了防止出现这种情况，并阻止酶发生作用，可以将虾在煮后或蒸后保存，使用之前再处理。如果是为了保存生鲜食材，将生虾、蟹直接冷冻，解冻时将它们放入袋子等容器后用水流冲一小段时间后，直接使用，这一点是非常重要的。

在蟹类中，有的螃蟹会将自己的足自行切下扔掉。与蜥蜴断尾的意义相同，主要是为了防止天敌的侵害，保护自己。在处理活螃蟹时有时会遇到这样的情况。

身体基本构造

乌贼和章鱼，在生物学的分类上，都同属于软体动物中的"头足纲"。它们的身体部位可分为躯干、头部、爪足（腕），由于其头部生长着许多爪足，因而被认为属于头足纲（头足类）。它们的躯干部位主要是指其内脏被外套膜包裹起来的部分，我们通常会将由袋状肌肉组成的外套膜，作为其肉质进行食用。对于章鱼来说，这一部位常常被称为"头部"，但是乌贼和章鱼真正的头部其实是位于躯干和爪足之间、有眼睛的部位。而被我们称为"爪足"，又或是被称为乌贼的"下足（乌贼腿）"的部位，从生物体的机能角度来说被称作"腕"。

肉、内脏、卵子

乌贼和章鱼的外套膜和爪足（腕）部位的肉是可以食用的，而且是被誉为"低热量、低脂肪、高蛋白"的优质食材。

章鱼的内脏除了作为地方渔民料理中的食材被享用以外，不常被拿来烹调食用，但是乌贼的内脏却常常被用作食材。最常见的是名为乌贼肠的肝脏，它具有独特的风味，就连腌咸乌贼和饭菜的味噌也常常可以和它搭配食用。而乌贼汁在意大利菜和西班牙菜中也常常被用到，它富含多种氨基酸、黏度高且方便食用。人们大多采用的是甲乌贼（墨乌贼）的墨鱼汁。章鱼卵在北海道地区较为常见。乌贼卵则很少被出售，大多为当地的地方居民所食用。除此以外，还有香川县、爱媛县、冈山县等地的市面上还会出售乌贼产卵时负责分泌包裹卵子黏液的器官，经过干烧等处理后可以食用。

身体构造

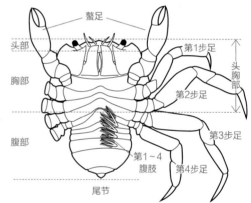

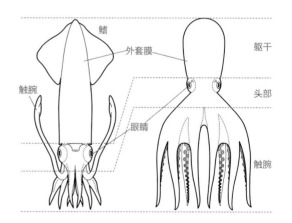

外套膜　覆盖在软体动物身体表面的膜。乌贼的外套膜为圆锥形，章鱼的外套膜为袋状。

漏斗　乌贼、章鱼等用来移动的器官。它们可以依靠肌肉的力量完成漏斗的扩大和缩小，使身体周围的水被拍打，借助反作用力在水中前进。墨汁、排泄物和卵子也由此处被排出。

嘴巴　位于中央部位，被腕的根部所包围。嘴巴的中央黑色坚硬的部分，俗称"乌鸢"。烹调时会被去除（周围有肌肉的部分可食用）。

虾、蟹图：参考《学习餐桌上甲壳类动物的身体构造》（广岛大学大学院教育研究科纪要）绘制。

乌贼、章鱼图：参考《乌贼·章鱼入门手册》（株式会社TBS-BRITANNICA出版）绘制。

关于虾·蟹·乌贼·章鱼

虾

【中文名】日本对虾、车虾
*它的特征是有着鲜明的条纹。因蜷缩时外观像车轮一样而得名。

【英文名】Japanese tiger prawn, Kuruma prawn

【别名】本虾、真虾、春虾。根据个头大小不同，也被称为才卷、中卷、卷。

【形态、生存现状】当雌虾和雄虾体长变为10cm之后就会出现差别，雌虾的体形开始变得比雄虾大。
广泛分布在东南亚、非洲、地中海等地区。在日本，则主要分布在青森县以南的日本海沿岸及仙台湾以南的太平洋沿岸，内湾和咸淡水域的沙泥底也生息繁衍着许多。具有杂食性，以藻类、贝类、小鱼以及动物死后的尸骸等为食。包括车虾在内的枝鳃亚目（对虾亚目）的虾，产卵时会将卵子排入海中。

【产地、旺季】在车虾捕获量比较多的爱媛县和爱知县，近年的捕获量逐渐减少，并采取了幼虾长成成虾后将它们放流的策略。捕获量在夏季逐渐变多，从初夏到秋季这段时间被认为是捕获旺季。天然车虾的捕获量，在1985年时全日本总计达到了3700吨，在那之后逐渐减少，2014年的捕获量为500吨左右。因此，人工养殖变得越来越重要。从1970年开始，日本人工养殖车虾的生产量逐渐提高，如今可达到1600吨左右。根据都道府县各自的统计，2016年车虾的养殖量（渔获量）的前三名分别为：冲绳县（447吨）、鹿儿岛县（356吨）、熊本县（263吨）。人工养殖的捕获旺季则为冬季。

【食用方法、味道等】作为高级的食材，料理店对其的需求是很高的。常常被用来制作美味的天妇罗、炸虾、烧烤、煮汤、寿司、刺身等各式各样的料理。

作为刺身食用的时候，要将甜味较强的腹侧作为切口，尽量扩大与舌头的接触面。

车虾（日本对虾）

十足目（虾目）·枝鳃亚目（对虾亚目）
对虾科·车虾属
Marsupenaeus Japonicus (Bate,1888)

凡纳滨对虾

十足目（虾目）·枝鳃亚目（对虾亚目）
对虾科·Litopenaeus属
Litopenaeus Vannamei (Boone,1931)

[白对虾]
在一定的环境因素下，对室内设施进行管理与养殖，借此实现以年为周期的渔获量。

【中文名】凡纳滨对虾、白对虾

【英文名】White leg shrimp, Pacific white shrimp, King prawn

【别名】南虾

【形态、生存现状】全长约有23cm。分布的水域从南美的墨西哥和厄瓜多尔，至秘鲁北部沿岸。虽然过去可在墨西哥近海和远洋地区捕获，但从20世纪末开始，人工养殖的逐渐兴起也带动了渔获量的增加。如今包括中国、东南亚国家在内，几乎全世界都在养殖白对虾，产量超过了黑虎虾。与黑虎虾相比，它们具有对病毒有抵抗力，对与淡水相似的水质适应能力强，成长周期短等特征，可以称得上是适合养殖的虾。

【产地、旺季】泰国、越南、印度尼西亚等东南亚国家养殖的较多，日本的食材来源几乎全部都依靠着从这些国家的输入。近几年，随着室内养殖生产系统的开发，今后在日本国内养殖量的增加也是指日可待。

【食用方法、味道等】甜味较重。颜色比较淡，烹饪后，也不像车虾和黑虎虾那样颜色鲜艳，但是较经济、实惠。

去除车虾的壳　　◎ 由于活虾的虾壳和虾身连接得比较紧密，用手指一边剥一边去除虾壳

将覆盖在头胸部位的虾壳剥下来（一些料理店会在煮汤汁时使用虾壳，常常将这部分的虾壳冷冻后保存处理）。

将含有虾味噌（中肠腺）等的虾胸部分与虾足整个去除。

将虾线也一起抽出（如果是活虾的话，可以很容易地将整条虾线取出）。

尾部前端比较尖锐的尾节，会将手指等部位划伤，提前将其折下、去除。

将大拇指放入虾身和虾壳之间，用指甲一边剥一边去除虾壳。

干净完整的虾壳。这些在制作汤汁时可以使用。

车虾的制作前处理　　◎ 为了去除体内杂质并使虾肉变得更加紧实，加盐后用水清洗，除去水分

从虾背侧切口切开（如果发现有内脏残余的情况，需去除）。

将其放入做菜用的半球形钵中，撒上盐后轻轻反复揉搓。

用混有日本酒的冰水冲洗，使虾肉更紧实。

除去水分后放在专用毛巾上。

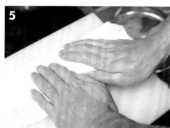

再次仔细除去水分。

红爪虾

对虾科·对虾属
十足目（虾目）·枝鳃亚目（对虾亚目）
Penaeus semisulcatus (De Haan, 1844)

【中文名】红爪虾

* 由于性情凶猛而得名。

【英文名】Green tiger prawn

【别名】脚赤海老、赤脚海老、赤缟海老

【形态、生存现状】虽然外形与车虾相似，但是身体的条纹看上去并不清晰分明。它的特征是红白相间的条纹带来的视觉冲击与红色的虾足。广泛分布在从西日本至朝鲜半岛南部、东南亚、澳大利亚、南非的印度太平洋沿岸，以及地中海地区。在日本近海区域，分布在千叶县以南的太平洋岸、从富山湾附近至西日本海沿岸，与车虾相比更喜爱温度高的海域。在东南亚等地区，养殖这类虾的较多。

【产地、旺季】在日本国内的主要产地是和歌山县、静冈县、熊本县、大分县等地。捕捞的时节根据产地不同略有偏差，虽然大多都集中在从夏季到秋季这个时间段，但熊本县和鹿儿岛县则是从秋季至冬季。关西地区市场的货源大多来自和歌山县，而和歌山县的捕获期是从10月下旬开始至次年5月，捕捞的旺季也是集中在从秋季至冬季这个时间段。

【食用方法、味道等】食用、制作方法与车虾大致相同，虾肉较为柔嫩、甜美。

稍微用火烧后虾肉更加筋道，虾味更浓，但吃起来更加美味。

天使虾（常用名）

十足目（虾目）·枝鳃亚目（对虾亚目）
Penaeus stylirostris

* 此虾的种类属于白色系车虾，"天使虾"是常用名。

【英文名】Blue prawn, Paradise prawn

【别名】OBSIBLEU（法语名）

【形态、生存现状】虽然外形与凡纳滨对虾（南美白对虾）相似，但是虾身发青，虾足呈红褐色。

【产地、旺季】被养殖于不使用任何添加物，接近自然环境的新喀里多尼亚的纯净海域中。是唯一在法国获得了最高品质证明（QUALICERY）认证的虾。

【食用方法、味道等】将其从水中取出后，在活着的状态下在短时间内对它进行快速冷冻处理，可以保证食材美味来源的氨基酸含量较多。可以生吃，即便是加热后食用，也很美味。

* 由于新喀里多尼亚是被称作"离天堂最近的岛"，所以这种虾由此得名"天堂的虾"，但是在日本以"天使虾"的名字流通贩卖。这个名称让它的受欢迎程度越来越高，各家餐厅也逐渐开始使用这一名称。

虽然是可以生吃的虾，但在半生状态下进行烹饪的情况较多。

异腕虾

十足目（虾目）·抱卵亚目（腹胚亚目）·真虾下目·长额虾科·异腕虾属
Heterocarpus hayashii (Crosenier, 1988)

具有香味独特的特质。剥开后的虾身放置一日后，味道会更浓郁。

【中文名】蓑海老、蓑衣虾
*头（头胸部的外壳）的部分，看上去像是披着蓑衣一样，因此得名。

【英文名】Heterocarpus hayashii Crosnier, 1988

【别名】幽灵虾（三重县尾鹫市）
*从新潟县至岛根县这一带，称其为"鬼虾"，是藻虾科茨藻虾的另一种。

【形态、生存现状】体长为11cm左右。身体左右侧扁平，外壳坚硬。额角的前端略微朝上。额角和头胸甲的上面有刺状突起，头胸甲的侧面有几根隆起的线状物。在日本，分布在千叶县至鹿儿岛一带，生活在水深300～500m的水域。

【产地、旺季】在其分布水域的太平洋周围，可采用底拖网捕捞的方式捕捞。大多在当地被食用，在别的地区很少见到。

【食用方法、味道等】有甜味，味道鲜美，大多做成刺身。虾壳可以用来煮汤。

虽然可以食用的部分并不是非常多，但是由于非常少见，所以具有稀有价值。

角长千寻虾

十足目（虾目）·枝鳃亚目（对虾亚目）·花虾科·角长千寻虾属
Aristeomorpha foliacea (Risso, 1827)

【中文名】角长千寻虾
*"千寻"表示其生长在深海中。

【英文名】Giant red shrimp

【别名】辣椒、辣椒（三重县尾鹫市）、赤虾（静冈县沼津市）

【形态、生存现状】作为该种虾的主产地，地中海沿岸的各国、墨西哥湾北部沿岸、北美南部大西洋沿岸、委内瑞拉（加勒比海）这几个地区较为出名。在日本，这种虾分布在相模湾、远洲滩、熊野滩、萨摩半岛西南海域的水深200～400m处。

【产地、旺季】采用底拖网捕捞和定制网捕捞的方式渔获。产地有静冈县、爱知县、三重县、高知县等。

【食用方法、味道等】虾身柔软，脂肪较多。做法多为煮、过水烫等后食用。

真虾下目·褐虾科·黑杂鱼虾属
十足目（虾目）·抱卵亚目（腹胚亚目）
Argis lar (Owen,1839)

黑杂鱼虾
（泥虾/猛者虾）

味道和甜度都非常出类拔萃。因为这种虾容易腐烂变质，所以需要在新鲜的时候提前进行食材的加工处理。但实际上最美味的却是刚开始变黑时。若变为全黑味道就会大打折扣。

【中文名】黑杂鱼虾

【别名】猛者虾（秋田县、山形县）、气虾（石川县）、泥虾（新潟县上越市）、猛者虾（鸟取县）等。

*在富山县的一部分地区，这种虾被称为"富山虾"，而在石川县，这种虾贼被称为气虾。由于它非常容易变得不新鲜，与甜虾相比使用起来极其不方便，因而被称为"下等虾"。而"猛者虾"这一名称的由来，可能是因为这种虾的虾头棱角分明，虾足坚硬、结实显得粗壮。

【形态、生存现状】体长大约为12cm。主要分布在朝鲜半岛东岸、日本海、鄂霍次克海、白令海、北太平洋。售卖时将其与同属的越前虾不区分的情况较常见（黑杂鱼虾的身体颜色更鲜亮些）。它栖息在深海中泥深的海底，与北太平洋雪蟹等一同被底拖网捕捞。以丹后海域的水深220m附近为分界线分开居住，比这里更浅的水域居住的是黑杂鱼虾，更深的水域居住的是越前虾。

【产地、旺季】生长在秋田县、山形县至福井县、岛根县、鸟取县的日本海沿岸，以及北海道的罗臼地区。捕捞旺季为秋季～春季。此类虾一旦捕捞出水后，在运输途中虾身的完整性非常容易受到破坏，很少在大城市的市场上市售卖，大部分情况下在被捕获的地区和县内售卖。

【食用方法、味道等】肉质紧实，味道鲜美。用于制作刺身、炸物（不裹面糊）、烧烤、天妇罗、烩菜等。从水中捕获后经过一段时间，头部会发黑，稍带黑色。

十足目（虾目）·枝鳃亚目（对虾亚目）·樱虾科
Lucensosergia lucens (Hansen,1922)

樱花虾

【中文名】樱海老、樱虾

【英文名】Sakura shrimp

【形态、生存现状】体长4cm左右。活体状态下几乎为无色透明，由于薄外壳中含有较多的红色色素细胞，可以看到非常漂亮的樱花色。触角非常长，可达体长的三倍以上。寿命约为15个月。在日本，分布在骏河湾、东京湾、相模滩一带。而在中国台湾东部以及西南海域，这种虾也会繁衍生息。在海洋中它们成群结队，虽然白天在水深200～300m的水域活动，但到了晚上会上升至水深20～50m的水域活动。针对这种习性，捕捞常常在夜间进行。

【产地、旺季】骏河湾是唯一可以作为捕捞对象的地区。拥有捕捞权，可以进行渔获的也只有静冈县的由比港和大井川港。樱花虾的捕捞每年在春、秋共进行两次。为了保护资源，其繁殖期内的6月11日～9月30日是禁渔期。

【食用方法、味道等】常常被用来制作寿喜锅、冷冻虾、晒虾干等。近年来由于运输方式越来越便捷，即使是在捕捞地以外的地区，也可以买到活樱花虾。

剥下黑杂鱼虾的虾壳、去除虾卵　　◎ 将虾腹部的卵子仔细地去除

雌虾在孵化完成前会将受精卵放在虾腹中进行保护。

将覆盖在虾头胸部的虾壳去除。

用镊子将虾味噌（中肠腺）取下。

将虾胸部的虾足一齐去掉。

从虾腹部外侧的虾壳与带有虾卵部分的中间，用剪刀切开。

用镊子将带有卵子的虾足（腹肢）整个取下。

取下来的虾卵。

将大拇指伸入虾身和虾壳之间，用指甲一边剥一边去除虾壳。

拽出虾线。

让虾身、虾壳、虾足、虾卵、虾味噌分别取下。这些全部都会用到。

用镊子从虾足（腹肢）中将虾卵仔细地取出。

图为取出后的虾卵。

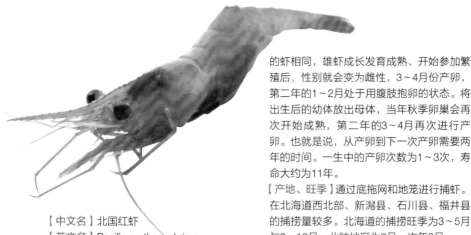

【中文名】北国红虾
【英文名】Pacific northern shrimp
Pink shrimp
【别名】甘海老、南蛮海老
【形态、生存现状】广泛分布在从岛根县以北的日本海沿岸，至宫城县海域以北的太平洋、鄂霍次克海、白令海、加拿大西岸的北太平洋地区。日本近海产的品种和北太平洋产出的品种（Pandalus eous），一般被作为两个不同的品种看待。日本海中的北国红虾，生活在从鸟取县到北海道沿岸这一地带的水深200～950m的海底。与别的长额虾科

的虾相同，雄虾成长发育成熟、开始参加繁殖后，性别就会变为雌性，3～4月份产卵，第二年的1～2月处于用腹肢抱卵的状态。将出生后的幼体放出母体，当年秋季卵巢会再次开始成熟，第二年的3～4月再次进行产卵。也就是说，从产卵到下一次产卵需要两年的时间。一生中的产卵次数为1～3次，寿命大约为11年。
【产地、旺季】通过底拖网和地笼进行捕虾。在北海道西北部、新潟县、石川县、福井县的捕捞量较多。北海道的捕捞旺季为3～5月与9～12月。北陆地区为9月～次年2月。
【食用方法、味道等】大部分情况下多为生吃。由于水分多且肉质鲜嫩，吃起来有独特的甜味，这就是它的别名"甜虾"的由来。甜味的主要来源是所含有的氨基酸，特别是丰富的甘氨酸让吃的人能感受到甜味。但是，在捕捞后直接食用却并不会品尝到明显甜味。如果将活虾处理好后放置一日就会出现甜味，这是因为活虾死后，在自身体内酶的作用下会将蛋白质分解为氨基酸。

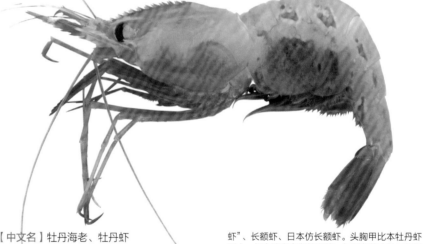

【中文名】牡丹海老、牡丹虾
【英文名】Botan shrimp
【别名】本牡丹海老、本牡丹
【形态、生存现状】较大的身长可达20cm以上，是分布在太平洋周围的宫城县海域以南的日本特有品种。由于数量不断减少，所以具有很高的稀有价值。市面上经常出现的"牡丹虾"，大部分是与其血缘较近的"富山海老"以及通过冷链运输到日本的"斑点虾"等。

* 学名：Pandalus hypsinotus (Brandt,1851)/英文名：Coonstripe shrimp. 主要生活在从日本海全域至白令海这一区域。由于最先在富山湾捕获到，因而得名"富山虾"。一般来说，也被叫作"牡丹

虾"、长额虾、日本仿长额虾。头胸甲比本牡丹虾更大，长有清晰白色的斑纹。与橘色的本牡丹虾相比，富山虾的红色更深一些。
【产地、旺季】本牡丹虾：有代表性的产地有骏河湾、铫子附近海域、鹿儿岛县等地，但捕获量非常少。富山虾：从日本海附近的丹后地域开始，至北陆、北海道地区。北海道的捕获量占大多数。旺季为冬季到春季。但是根据地域有所不同，在金泽地区的3月～夏季，原本北太平洋雪蟹的禁渔期却成为了捕捞旺季。在函馆地区，旺季却成了春季（雄性）和秋季（有卵的雌性）。
【食用方法、味道等】与甜虾相同，生食较美味。

绯衣虾（葡萄虾）

十足目（虾目）・抱卵亚目（腹胚亚目）
真虾下目・长额虾科・拟长额虾属
Pandalopsis coccinata (Urita, 1941)

> 有独特的黏着感，放置一段时间后味道更好。虽然价格高，但是确实有自身独特的价值。

【中文名】绯衣海老、绯衣虾
【英文名】Higoromo shrimp
【别名】葡萄海老
＊被捕捞出来死亡后，虾身会变成葡萄色。
【形态、生存现状】生活繁衍的区域为千叶县铫子市以北到北海道的太平洋周围的桦太地区。多见于太平洋周围的水深400~500m处。雌虾体长为13~15cm。卵子的直径约为4mm，但是数量却较少，只有150~300个（富山虾和北国红虾的卵为1mm左右，有1000个以上）。产卵期在4月，孵化时间为后年的3月。抱卵期非常长，有24个月。
【产地、旺季】千叶县以北的太平洋。
【食用方法、味道等】与甜虾相同，生吃比较美味。

> 虾肉含有很多的汁水，水煮虾味道会更好。价格略贵。

诸棘红虾（缟虾）

十足目（虾目）・抱卵亚目（腹胚亚目）
真虾下目・长额虾科・仿长额虾属
Pandalopsis japonica (Baiss, 1914)

【中文名】诸棘红虾
【形态、生存现状】生活栖息在由日本海沿岸至北海道、桦太地区一带的水深180~370m处。头前端的额角的上下部位并列着细刺，从这个特征来说与带有"两处"意义的"诸"字相符，由此得名。由于其有着红白条纹的外形，因而也被称为"有条纹的虾"，名字更为人们所熟知。虽然它的外形与甜虾相似，但是体形却大了一圈。产卵期为11月至次年4月。虾卵与甜虾等的虾卵相比虽然更大，但是数量比较少。经过一年的抱卵期，在第二年的11月~次年4月这段时间孵化。
【产地、旺季】主要的产地是从北海道、新潟县开始至福井县附近为止的北陆、丹后等地区。与北太平洋雪蟹以及其他的虾类混在一起被渔获。
【食用方法、味道等】与甜虾相同，生吃较美味。

寺尾牡丹虾

十足目（虾目）・抱卵亚目（腹胚亚目）
真虾下目・长额虾科・长额虾属
Pandalus teraoi (Kubo, 1937)

【中文名】寺尾牡丹海老
【别名】白牡丹
【形态、生存现状】在头胸甲上面并列有白色刺状的突起为其特征。分布在三陆、相模特湾、琉球列岛等太平洋沿岸。
【产地、旺季】在福岛县有少量流通。
【食用方法、味道等】与甜虾相同，生吃较美味。

大腰折海老（蜘蛛虾）

十足目（虾目）·抱卵亚目（腹胚亚目）
异尾下目（虾目）·铠甲虾总科·刺铠虾科·大腰折海老属
Cervimurida princeps (Benedict, 1902)

无论是用加热的方式烹调，还是生吃，味道都很好。虾味噌也非常美味。

伊势龙虾

十足目（虾目）·抱卵亚目（腹胚亚目）
日本龙虾科·日本龙虾属
Panulirus japonicus (Non Siebold, 1824)

【中文名】伊势龙虾

【英文名】Japanese spiny lobster

【别名】镰仓海老

【形态、生存现状】体长为20～30cm，但是也有的虾体长会略长。包括虾足和虾触角在内，全身被暗红色的坚固外壳包裹。胖胖的第二触角的根部有发声器，可以发出威胁、恐吓的声音。主要分布在从房总半岛以南至中国台湾的西太平洋沿岸、九州、朝鲜半岛南部的沿岸水域，生活在面向远洋外海的浅海水域的岩礁和珊瑚礁地带。繁殖期为5月~8月，雌性将产下的卵以葡萄串的形状夹抱在腹肢上。抱卵期为1~2个月。

【产地、旺季】捕获量位居前两位的县分别是三重县和千叶县，这两个县的捕获量占据了全日本总捕捞量的40%。为了保护生态平衡，禁渔期的时长和捕捞规模的大小是被提前决定好的。千叶县的解禁时间是从8月上旬到第二年的4月底。三重县、和歌山的解禁时间是从10月1日开始至第二年4月末。伊豆半岛的解禁时间是从9月中旬至第二年4月末……捕捞的方法有刺网捕捞、潜水捕捞、日本传统章鱼诱捕龙虾法。

【食用方法、味道等】虾肉富有弹性，用烤、煮、油炸等各式各样的烹调方法均可。当然作为刺身生吃也非常美味。

【中文名】大腰折海老

【英文名】Squat lobster

【形态、生存现状】虽然体长净长约为5cm，但是将钳足和虾足、钳足都算进去，整个体长可以达到20cm左右。由于腹部向内侧折叠，因为被叫作这个名字。身体的颜色是偏红色的橙色，尾巴是白色。虽然与虾相似，但是其属于寄居蟹的同类。用来走路的足（步足）虽然能看到有3对（6只），但是第4对的细足（2只）附在头胸骨上。它们生活在东北以南方向的水深200m处以下的深海。

【产地】三重县尾鹫市、静冈县、三河湾、爱知县、静冈县、三重县等。通过底拖网等对其进行捕捞作业。

【食用方法、味道等】用来做味噌汤可以煮出不错的高汤。另外可以用油炸，这样连壳一起整个都可食用。

【中文名】海螯虾
*其颜色让人联想到植物藜的嫩叶，由此得名。

【英文名】Japanese lobster

【别名】手长海老（一般来说，在很多料理店中都会有这种称呼）、虾蛄（在骏河湾地区被这样称呼）
*标准日本名称中"手长海老"其实是在咸淡水、淡水中生活的另外一种虾。
*"虾蛄"其实也是另外一种甲壳类生物。

【形态、生存现状】体长为20～25cm。其特点是有着细长的钳螯。分布在千叶县海域至日向滩一带的太平洋沿岸的水深200～400m处，是只分布在日本近海的特有品种。与其血缘关系很近的种类有相模藜海老、南藜海老、新西兰海螯虾、欧洲海螯虾。意大利亚语中也有名为"scampi"的海螯虾。

【产地、旺季】采用底拖网捕捞、刺网捕捞等方法捕捞渔获。

【食用方法、味道等】虾肉软嫩，有甜味。新鲜的虾即使生吃也非常美味。即使加热处理后虾肉会非常紧实不会松散，所以也比较适合日式烧烤、西式烧烤、炒制法等烹调方式。

【英文名】Lobster

【形态、生存现状】欧洲龙虾主要分布在大西洋的挪威至地中海附近。美洲龙虾分布在加拿大至加勒比海的大西洋沿岸。在味道方面，欧洲龙虾较为出色，但是价格也更贵。其体长约有50cm，有着像大剪刀似的钳足。这个大剪刀主要用来威吓别的生物。它们独自生活在自己挖掘的洞穴中，这些洞穴主要分布在浅海水域的岩礁以及砂石底部。它们的寿命很长，其同类曾被发现过最长活到100年左右。

【产地、旺季】尤其此类龙虾并不栖息在日本近海，在日本可以食用的龙虾食材其实是由海外输入日本的。现在捕获的来源主要来自于欧洲各国、加拿大以及美国等地，较出名的有美国的波士顿龙虾与法国的布里多尼龙虾。在美国与加拿大的东海岸地区，龙虾的捕捞旺季为4月下半月至6月、12月至次年1月这两个时间段，每年捕捞两次。

【食用方法、味道等】加热后可以使用。由于虾身富有弹性，无论是蒸、过水煮、西式烧烤、烤串，还是用作做汤羹等，各式各样加热处理的烹调方法都可以使用。其卵子和味噌（虾黄）也非常美味。

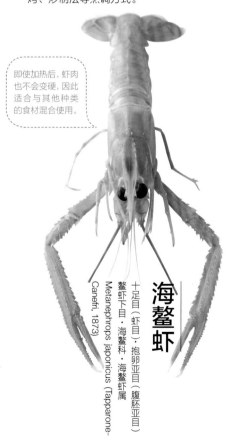

即使加热后，虾肉也不会变硬，因此适合与其他种类的食材混合使用。

海螯虾

十足目（虾目）·抱卵亚目（腹胚亚目）·螯虾下目·海螯虾科·海螯虾属
Metanephrops japonicus (Taparone-Canefri, 1873)

龙虾

*此处的龙虾指欧洲龙虾和美洲龙虾这两种。

欧洲龙虾 H.gammarus (Linnaeus,1758)
美洲龙虾 H.americanus (H.Milne Edwards,1837)

十足目（虾目）·抱卵亚目（腹胚亚目）·螯虾下目·海螯虾科·龙虾属

九齿扇虾

十足目（虾目）·蝉虾科·扇虾属
无螯下目·抱卵亚目（腹胚亚目）

Ibacus novemdentatus (Gibbes, 1850)

【中文名】九齿扇虾
【英文名】Japanese fan lobster
【别名】团扇海老、巴氏虾、琵琶虾

*这种虾还有"团扇虾"与"长尾海虾"的叫法，都是同样的含义，"团扇虾"是这类虾的总称。

【形态、生存现状】广泛分布在能登半岛与骏河湾以南的太平洋沿岸至香港、东南亚、澳大利亚北部这一地带，生活栖息在水深10～300m的砂石、泥底中。虾身的体长约为15cm，因扁平的体形而得名。虾身前部与头胸甲的左右两侧缺刻较少。虾壳前部并没有类似有毛的部位。

【产地、旺季】主要的产地有爱知县、和歌山县、石川县至岛根县一带，还有福冈县、长崎县、熊本县、鹿儿岛县等地。在西日本地区知名度较高。根据产地不同，旺季的时间也略有不同，大多在3月~6月这个时间段。

【食用方法、味道等】味道、甜度很不错，不论是做成刺身食用、还是过水煮或是烤，吃起来都非常美味。因为煲出的汤味道也非常鲜美，也可以用于做味噌（虾黄）汤。

草履虾

十足目（虾目）·蝉虾科·草履虾属
无螯下目·抱卵亚目（腹胚亚目）

Parribacus japonicus (Holthuis, 1960)

【中文名】草履虾
【英文名】Japanese mitten lobster
【别名】大对虾（在高知县的叫法）
【形态、生存现状】其身体长度约为15cm。由于看上去外形与"草履（草鞋、人字拖）"非常相似，因而得名草履虾。分布在房总半岛至九州的太平洋岸与西南诸岛、中国台湾等地，生活栖息在水深10～30m的浅海水域中的岩礁和珊瑚礁中。
【产地、旺季】主要的产地有鹿儿岛县、宫崎县、三重县、静冈县等地。利用针对捕捞伊势虾等的刺网捕捞方法对其进行捕获。
【食用方法、味道等】与九齿扇虾的食用方法及风味等大致相同。

蝉虾

十足目（虾目）·蝉虾科·蝉虾属
无螯下目·抱卵亚目（腹胚亚目）

Scyllarides squamosus (A.Milne-Edwards, 1837)

【中文名】蝉虾
【英文名】Shovel-nosed lobster
Blunt slipper lobster
【别名】蒙波虾、塔氏虾、阿类虾、兜虾
【形态、生存现状】其体长有30cm左右，因外形看起来像蝉而得名。外壳上有黄褐色与红褐色的花斑，被颗粒状的突起和短短的毛所覆盖。与团扇虾和草履虾相比，有一定厚度，且身体的边缘部分没有小块的锯齿状外壳。广泛分布在印度太平洋的热带与亚热带地域，在日本的房总半岛以南的太平洋沿岸比较常见。栖息生活在水深最深可达约30m的岩石裸露处。

【产地、旺季】主要的产地有冲绳县、鹿儿岛县、爱媛县、高知县、德岛县等地。捕捞旺季是秋季到冬季这段时间。利用刺网捕捞等方法捕获。
【食用方法、味道等】与九尺扇虾的食用方法及风味等大致相同。

在蝉虾科中，其美味程度为远超同类中的其他虾。作为食材，其虾肉非常饱满紧实，全身可食用的部分也比较多。

蝉虾的处理方法

◎ 活蝉虾的外壳和虾身紧贴在一起，很难剥开分离。提前放入冷藏室中，约10分钟后取出，这样会使剥壳变得容易。虾壳可以用作炖汤汁。

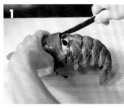

将餐刀插入覆盖着头胸部的虾壳的位置，沿着虾壳一边移动餐刀一边将虾身切开分离。

按住头胸部，抓住虾腹部的身体后，一边拧拽一边抽取出虾腹部的虾身。

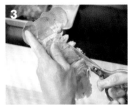

用剪刀将虾足（腹肢）切取下来，将带有虾腹部侧的虾足部分与外侧的虾壳之间的部分切开。

将大拇指放入带有虾足的部位与虾身的中间，用手指一节一节地将虾壳剥下。

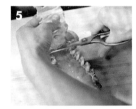

用剪刀剪下多余的部分。

将大拇指放入虾壳与虾身中间，将虾身一点一点地剥出。

剥好取出的虾身。

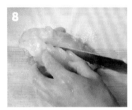

从腹部的一侧切开。

放入加有日本酒的冰水中迅速洗净。

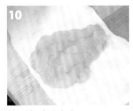

放到餐巾上包好。

用手从上面压住，将水分吸干。

虽然直接吃的话味道也不错，但是为了让其更加美味爽口，一般会保持这个状态放入冷藏室一日后再取出（若不清洗虾身进行直接保存，第二天会出现浮沫杂质并变成全黑）。

取出摘下的头胸部。

将带有虾足的部分用手取出摘下。

将味噌（虾黄、中肠腺）与卵巢取出。

蟹

北太平洋雪蟹

十足目·抱卵亚目（腹胚亚目）
短尾下目（蟹下目）·突眼蟹科·雪蟹属
Chionoecetes opilio (O.Fabricius, 1788)

【中文名】北太平洋雪蟹
【英文名】Snow crab
【别名】楚蟹、津和井蟹、本楚蟹
【形态、生存现状】公蟹将蟹足完全展开后可达70cm左右。虽然母蟹蟹壳宽度可达约15cm，但是仍只有雄性的一半左右大小。由于公蟹和母蟹的大小存在着非常大的差异，因此在许多捕捞这种蟹的地区，公蟹和母蟹有着各自不同的名称（详情参考P26）。它们广泛分布在山口县以北的日本海、茨城县以北至加拿大一带的北太平洋、鄂霍次克海、白令海地区。主要生活的水域为水深200~600m的地带。
【产地、旺季】捕获量比较多的地区有兵库

县、北海道、鸟取县、石川县、福井县等地。为了保护资源，根据行政部门的规定对整个海域进行了严格的限制，必须要遵循捕捞期和捕捞规模大小的相关规定才能进行捕捞渔获。关于捕捞的旺季，在新潟县以北的海域，公蟹和母蟹的捕捞时期为10月1日至次年5月31日。在富山县以西的海域，母蟹的捕捞时期为11月6日~次年1月10日，公蟹的捕捞时期为11月6日~次年3月20日。
【食用方法、味道等】肉质纤细、柔嫩，甜味浓，可以品尝到蟹类独有的风味。煮过或是蒸过后，既可以用来做各式各样的料理，也可以用生的蟹来做蟹火锅。蟹黄更是美味。

根据产地的不同，蟹肉的味道与蟹黄的味道也会有一些差异。不足月的公蟹和母蟹都可以作为美食享用。

北太平洋雪蟹的处理方法

◎ 虽然将蟹整个煮的店比较多，但是一些店在水煮之前会将蟹身与蟹黄分开，分别开火加热。这是因为蟹身和蟹黄开火煮的时间会有差别。如果与蟹黄煮的时长相同的话，蟹肉就会失去鲜嫩的口感。

用流水冲洗的同时，用刷子认真清洗。

掀开腹部的壳，从胸部的中央部位一切为二。

左右分开，将其与蟹壳分离，从蟹壳中取出。

用小镊子将蟹黄取出后，再将蟹壳放回。

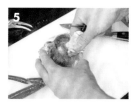

取下蟹腹部的壳。

将与蟹嘴连接在一起的内脏去除。

图示部分即为沙袋（蟹的内脏）。

用剪刀将在两侧的蟹肺剪掉。将肺下面的砂石用流水冲洗干净（蟹肺较难吃，有时还会附着有寄生虫等）。

煮蟹身的方法 ◎ 放入沸腾的开水中，并一直保持开着火。

1
放入加有2%盐的热水中，一定要在沸腾后再放入。

2
放上小锅盖，再次煮沸后调为中火。

3
煮10~12分钟（时长根据蟹的体形大小决定）后取出。

4
放入加有2%盐的冰水中浸泡（防止蟹身变得松散）。

捞出煮熟的蟹身 ◎ 使用各种工具缩短时间。

1
从长节根部附近的关节，把腿切开。

2
内侧（颜色浅的一侧）朝上放在木板上，用一根擀面杖如图所示擀，将蟹肉压出。

3
用剪刀剪掉蟹腿边上的绒毛。

4
蟹腿比较细的部分的蟹肉也用同样的方法取出。

5
用菜刀切去多余的部分。

6
用菜刀将蟹腿切开。

7
用镊子取出蟹肉。

8
将蟹身切为两半。

9
用镊子小心地取出蟹肉。

10
用手指确认蟹肉中是否有残留的碎蟹壳。

11
取出的蟹肉可用于各式料理的制作。

蒸蟹味噌 ◎ 将蟹整个蒸是重点。可保留蟹体内的鲜味物质，可以很好地煮出浓浓的蟹味噌。

1
将蟹身倒着放入蒸锅中（不除去蟹壳内的其他液体物质）。

2
大约蒸20分钟。蒸完后，放在常温下冷却后备用。

3
冷却恢复常温后，将其从蟹壳中取出。

北太平洋雪蟹的通称

北太平洋雪蟹在日本全国各地，根据地域的不同有着不同的称呼，这些名字也成为了其挂牌售卖时的商品名。公蟹和母蟹由于体形各不相同，因而它们也有着不同的名称。在有些地区，给公蟹做更加详细的分类，达到一定标准的蟹，会为其粘贴有所属渔港和渔船名字的标签。

【 雄性北太平洋雪蟹的别名、品牌名称 】
○ 北海松叶蟹……在北海道渔获的蟹类（包括大松叶蟹和俄罗斯产的松叶蟹）
○ 芳蟹……在山形县的庄内港口渔获的蟹类
○ 越前蟹……在福井县渔获的蟹类
○ 加能蟹……在石川县渔获的蟹类
○ 松叶蟹……在山阴地区渔获的蟹类的总称

（根据松叶蟹被渔获的地方、港口等的不同，也有着不同的名称。）
○ 鸟取松叶蟹……鸟取县
○ 香住松叶蟹……兵库县香住渔港
○ 柴山蟹……兵库县柴山渔港
○ 津居山蟹……兵库县津居山渔港
○ 间人蟹……京都府
○ 大善蟹……京都府浅茂川渔港

【 公北太平洋雪蟹的别名 】
香箱、甲箱（石川县）、红杉蟹（鸟取县、兵库县、京都府、福井县）、精工蟹（福井县）、亲蟹（鸟取县）、美洲蟹（山形县）等

【北海松叶蟹】
在北海道渔获的北太平洋雪蟹以及俄罗斯产的雪蟹和大雪蟹（学名：Chionoecetes bairdi（Rathbun、1893））。大雪蟹（红眼雪蟹）并不生活栖息在日本海，而是生活在太平洋和白令海。与本雪蟹（灰眼雪蟹）相比，生活的水域更深。从外观看，大雪蟹（红眼雪蟹）与本雪蟹（灰眼雪蟹）看上去几乎没有差别，比本雪蟹（灰眼雪蟹）稍微大一点，蟹壳的宽度略微大一点，一般来说作为"雪蟹"这一品种在市场售卖的情况较多。与本雪蟹（灰眼雪蟹）相比，大雪蟹（红眼雪蟹）的捕获量比较少。

【桃蟹】
公雪蟹，虽然最后一次蜕皮之前所经历过的总蜕皮次数存在个体差异，但是它们几乎都是在最后一次蜕皮的时候，小小的蟹钳突然一下子就变大了。蟹钳变大后可以作为雄性雪蟹成熟的证明，从这时候开始，它们的外壳会逐渐变厚，蟹身也会逐渐充实饱满，可以存活4~5年的时间。蟹钳较小的公蟹大多是秋季蜕皮的"若松叶蟹"（详情参考P27），但是有时候也能遇到虽然蟹钳较小但是蟹壳非常硬的公蟹，这种螃蟹被叫作"桃蟹"。这种蟹被认为是在应该蜕皮的时候没有选择蜕皮的一类蟹。它们的蟹钳虽然较小，但是蟹肉却比水螃蟹美味。

【圣子蟹】＊母蟹在福井县等地的别名。
母蟹从幼体蟹阶段经历九次蜕皮后卵巢开始成熟，第二年完成生命中的最后一次蜕皮（也就是说，体形不会变得更大），然后就会直接进行交尾、产卵。产卵结束后，会进入抱卵期，将产出的卵子抱在腹部约1年零6个月直至孵化为止。孵化结束后会再次进入下一轮的产卵、抱卵期（从第二次开始约1年）、孵化这一过程。雌性蟹一生中会重复这一过程五六次直至生命终结。被蟹的腹部夹抱住的卵子也就是所谓的"外子"，虽然产卵后不久就会变成橙色，但是当接近孵化的时候会变成黑紫色。蟹壳中发育良好变成橙色的卵巢，通常被称作"内子"。

【中文名】红雪蟹
【英文名】Red snow crab
【别名】红蟹（在鸟根县、鸟取县、富山县的别称）
【形态、生存现状】虽然外形与北太平洋雪蟹相似，但是即使没有被水煮过，身体也会呈现出鲜艳的红色。在日本海、朝鲜、俄罗斯等地被捕捞渔获。与在水深200～600m的水域生活着的北太平洋雪蟹相比，红雪蟹通常广泛分布生活在更深一些、水深500～2700m的水域。一般来说，在过去北太平洋雪蟹和红雪蟹不会交尾，但是近年来这两个品种的杂交种已在市场上销售，并被称为"黄金蟹"。

【产地、旺季】兵库县香住和鸟取县境内的港口以及富山县等地是比较有名的产地。渔期为9月1日～次年6月30日，比北太平洋雪蟹的渔期更长。蟹类作为渔获的主要产物被大量捕捞。

【食用方法、味道等】虽然蟹身水分略多、味道略淡，但是蟹肉的甜味更重、更加美味。虽然常常被用作制作罐头和蟹肉棒等加工产品，但作为新鲜海鲜的需求量也是非常大的。

> 蟹肉甜味更浓、更加美味。

香住蟹
在兵库县香住渔港被渔获，品牌商标名为红雪蟹。
＊"香住松叶蟹"是北太平洋雪蟹的品牌商标名。

【黄金蟹（市场流通名称）】
在自然界中，由雄性北太平洋雪蟹与雌性红雪蟹交尾产生的杂交品种。

若松叶蟹
蜕皮后外壳还未变硬的雄性雪蟹，在鸟取县被称为若松叶蟹。在福井县被称作"祖博蟹"。它的外壳比较柔软，整体重量较轻是它的特征。由于蟹肉中水分较多，导致蟹的肉质受到影响，也被称作"水蟹"，与松叶蟹相比价格更加便宜。为了保护资源，对于蟹类的捕捞渔获有着严格的限制。根据"日本海雪蟹特别委员会"2016年制定的相关规定，将渔期定在1月20日~2月28日。石川县、京都府的渔业从业者，对于出海渔猎捕捞这一行为要全面保证自觉、自律。

对若松叶蟹进行处理

◎ 若松叶蟹虽然价格便宜，但是由于体内水分较多，蟹肉较少，所以做菜的人大多不爱使用其作为食材。但是在一些料理店，一般来说会被扔掉的蟹壳内的水和味噌，也会被在烹饪过程中使用。

1 与别的蟹类相同，从其胸部中央的位置切开，因为它的外壳比较柔软，所以可以很容易切开。

2 左右分开，使蟹肉与蟹壳分离，将蟹肉从蟹壳中取出。

3 取下蟹腹部不可食用的部分。在蟹壳中有很多汁水和蟹肉，可留用。

4 去除不可以食用的内脏（被称为"沙袋"的部分）。

5 用剪刀将蟹的肺部剪掉。和p25的步骤相同，放入加盐的热水中煮。煮的时间最短也要8~10分钟。煮后直接将其浸入预先准备的加有2%盐的冰水中。

6 切下蟹足，用刀将壳的一部分削下（由于外壳非常柔软，所以很容易就可以被切下来），取出蟹肉。

7 较为细小的蟹足部分的壳，也用同样的方法削下来切除，取出蟹肉（蟹胸部分蟹肉的取出方法详情参照p25）。

若松叶蟹蟹黄的使用方法

◎ 若松叶蟹的蟹黄由于水分较多，如果不做处理直接使用的话不太好制作食材，一般会加入蛋黄搅拌打成糊状物。

1 将蟹壳中的蟹黄与蟹壳中所含的水分，整个倒入锅中（图中使用了3杯蟹肉，一般根据食材的量定量制作）。

2 每1份蟹黄加入1个蛋黄和少量的日本酒（不需要加盐调味，蟹黄的味道已足够浓郁）。

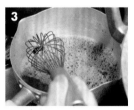

3 中火加热，并用打蛋器使其搅拌均匀。

4 用橡胶刮刀搅拌混合的同时，会有水分不断溢出（火候大小保持在中火）。等水分逐渐消失后改为小火，使其变成黏稠状。

5 达到一定浓度后，倒入笊篱中。

6 用橡胶刮刀一边混合一边过滤。

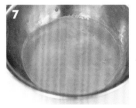

7 图中为做好的糊状物。待糊状物冷却至常温后，还会变得更黏稠。加入少量酱油后，再加入豆腐，可以做成调味酱。也有将其抹在鸡蛋羹上食用等食用方法。

圣子蟹的预处理和煮的方法　◎ 因为此种蟹体形较小，所以要整个一起煮。

用流水冲洗，仔细冲洗掉泥沙等杂质。

用手指按压出蟹体内的内脏及杂质。

煮沸盐含量为2%的盐水，让蟹壳朝下（尽量不要让蟹黄沾到蟹肉）放入锅内。

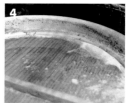
再次煮沸后调为小火，盖上木质盖煮约14分钟，煮后直接浸入盐含量为2%的冰盐水中冷却。

取出蟹肉

剪去粘有卵子的蟹腹部的壳。

从蟹胸中央开始切为两半。左右切开后取出蟹子。

从切口开始，用镊子将其中残留的蟹黄和蟹子取出。

用剪刀将蟹的肺部切掉后去除。

内侧（外壳比较柔软）朝上放置在菜板上。蟹胸的部分朝上，用擀面杖将其中的蟹肉挤压出。

沿着蟹足长节根部附近的关节，将蟹足切下后取出。

内侧朝上放置在菜板上，在上面用擀面杖将蟹肉挤压出来。

用镊子将蟹黄与蟹子从蟹壳中取出来。

卵子的处理

将带有卵子的蟹腹部放入笊篱中。浸入盛有2%浓度盐水的厨房专用半球形体钵盆中，用手将笊篱中盛的东西搅拌混匀，让卵子掉进下面的半球形体钵中。

散落掉下来的卵子。

用茶漏过滤。

高脚蟹（巨螯蟹）

十足目·抱卵亚目（腹胚亚目）
短尾下目（蟹下目）·蜘蛛蟹科·巨螯蟹属
Macrocheira kaempferi (Temminck, 1836)

【中文名】高脚蟹

【英文名】Japanese spider crab

【形态、生存现状】体形巨大，同种中体形较大的个体蟹足完全伸展开的状态下，可以达到3m以上。特别是其蟹足的长度非常引人注目，它名字也是由此而得来的。与现存的其他节足动物相比，它的个体较大，即使在水族馆也很常见。主要分布在岩手县海域至九州的太平洋沿岸，虽然它通常生活栖息在水深150～800m的水域附近，但是据说一旦到了春季的繁殖时期，它们就会移动到水深约50m的水域。

【产地、旺季】渔场主要有相模滩、骏河湾、尾鹫以及伊豆七岛周围等。特别是面向骏河湾的户田港非常有名，成为了观光胜地。虽然捕捞旺季一般被认为是12月～次年2月，但是在骏河湾的渔期却延长至每年的9月至次年5月。采用底拖网捕捞等方式渔获。

【食用方法、味道等】由于蟹身水分略多、用来做蒸螃蟹比较合适。做烤螃蟹的话也非常美味。

亚拉斯加长脚蟹

十足目·抱卵亚目（腹胚亚目）
异尾下目（寄居蟹下目）·石蟹科·拟石蟹属
Paralithodes camtschaticus (Tilesius, 1815)

【中文名】亚拉斯加长脚蟹

【英文名】Red king crab

【别名】鳕场蟹

【形态、生存现状】公蟹的蟹壳宽度可以达到25cm左右，蟹足完全伸展开后可以超过1m。全身被短刺状的突刺包裹覆盖。除去蟹螯（钳足）以外，只有三对（6只）步足可以被看到，这是寄居蟹类易于分辨的诸多特征之一。虽然第五只步足很小，而且担任着清理被插入鳃室中蟹肺部的职责，但是从外表却看不到。主要分布在北海道周边、鄂霍次克海、白令海、北极海的阿拉斯加沿岸、南美的智利和阿根廷沿岸，生活栖息在水深100～300m的水域附近。北半球的母蟹产卵期为4～6月。

【产地、旺季】在日本主要的渔场是鄂霍次克海。在1、2月的浮冰逐渐融化后的春季到夏季间被打捞的帝王蟹，虽然据说甜味很浓且味道鲜美，但是有时会恰逢产卵期，导致不能渔获。一般来说，能捕获到即将脱皮、外壳非常坚硬、蟹肉紧致的蟹的旺季是11月～次年2月。白令海区域的渔期是每年的冬季，除了冬季的帝王蟹以外没有其他水产能被捕捞上市。在日本，虽然对雌蟹的捕捞被禁止了，但是由于在售卖上没有特别的规定，市场上依然有从俄罗斯输入的产品售卖。

【食用方法、味道等】其口感特点是肉质肥厚并具有弹性。蟹足吃起来口感很好，非常有嚼劲。通常采用蒸、煮、烤等烹饪方式。

被认为烤后口感味道会得到提升的蟹类。

花咲蟹

十足目・抱卵亚目（腹胚亚目）
异尾下目（寄居蟹下目）・石蟹科・拟石蟹属
Paralithodes brevipes (H.Milne Edwards et Lucas,1841)

非常适合与柑橘类植物搭配。

【中文名】花咲蟹
* 关于名字的由来有两种说法。一种是由于其在根室市的花开港被捕捞渔获，还有一种说法是因为其在煮后会像花盛开一样变成鲜红色。
【英文名】Hanasaki crab
【别名】海带蟹
* 其生活的地方一般都生长着海带。
【形态、生存现状】属于与堪察加拟石蟹（帝王蟹）有亲缘关系的近缘种。虽然名字中带有蟹，但是其属寄居蟹的同类。蟹壳的宽度和长度为15cm左右，看起来像是倒过来的心形。主要生长在白令海峡至鄂霍次克海沿岸、库页岛以及千岛群岛地区。这类蟹有抱团后活动的特性。
【产地、旺季】其在日本的产地主要分布在北海道周边的襟裳岬至纳沙布岬的太平洋海域以及根室半岛北部的鄂霍次克海。它们比较喜爱居住在离海岸近、海水较浅的地方。捕捞渔获的中心主要位于纳沙布岬周边的海域。在根室的渔期是从7月11日至9月20日，在钏路的渔期是从3月15日至7月31日。属于夏季当令的蟹类。
【食用方法、味道等】可以过水煮、烤、炖等。是北海道地区的乡土料理（地方特色菜），使用蟹类制成的名字为"铁炮汁"的味噌汤，由于使用了花咲蟹而特别出名。

味道浓厚，是一种蟹身肉质紧实的蟹类。

金色帝王蟹

十足目・
异尾下目（寄居蟹下目）・石蟹科・茨蟹属
Lithodes aequispina (Benedict,1894)

【中文名】金色帝王蟹
* 由于与近亲的塔形石蟹（俗称帝王蟹）非常相似而得名。
【英文名】Golden king crab
【别名】刺蟹（在市场上流通的名称）
* 虽然这个名称指的是别的种类的蟹，但是以这个名称在市场贩卖的情况较多。
【形态、生存现状】蟹壳长度为18cm，宽度约为20cm。全身有很多的棘刺状突起。广泛分布在白令海峡、鄂霍次克海、宫城县海域至三重县海域一带的太平洋一侧的深海，生活在水深500～1000m的水域。与帝王蟹、寄居蟹属同类。
【产地、旺季】一般来说，鄂霍次克海水产的旺季是夏季。捕捞地的位置越往南，捕捞旺季就越晚，若骏河湾在12月捕捞解禁，可偶尔用渔网捕捞。当然也有来自俄罗斯等地输入的冷冻品。
【食用方法、味道等】适合用来做蒸蟹和烤蟹。

毛蟹

十足目·抱卵亚目（腹胚亚目）
短尾下目（寄居蟹下目）·黄道蟹科·日本栗蟹属
Erimacrus isenbeckii (Brandt,1848)

【中文名】毛蟹
【英文名】Horsehair crab
【别名】大栗蟹（北海道地区的别称）
【形态、生存现状】有着胖墩墩的体形，蟹壳上密密麻麻地长满了短短的硬毛，这也是它得名"毛蟹"的缘由。主要分布在白令海东部至朝鲜半岛东岸这一地带的北太平洋。在日本，它们主要分布在北海道沿岸各地至太平洋一侧的茨城县，以及日本海周围的岛根县，生活在水深30～200m的砂石、泥底中。
【产地、旺季】主要的捕捞地为北海道沿岸

的各地区以及岩手县。渔期根据地区的不同会有差别，担振地区为6～7月，登别至白老町海域为7月中旬至8月中旬，日高地区则为12月～次年4月，网走地区为3～8月，雄武町为3月下旬至7月中旬，宗谷为3月15日～8月21日，十腾、钏路为1～3月和9～12月。岩手地区则为12月至次年3月。为了保护资源，一般规定只可以捕捞蟹壳大小在8cm以上的雄性蟹。
【食用方法、味道等】蟹身肉质紧实、柔嫩，味道细腻。蟹味噌味道浓厚、美味。

> 肉纤维很细，有着独特的浓厚味道与香味。即使与其他原材料配合制作被食用，也遮盖不了其浓郁的味道。

【中文名】泽蟹
【英文名】Japanese freshwater crab
【别名】石蟹、石首蟹
【形态、生存现状】是一种淡水蟹。属日本本土的固有种。主要分布在青森县～西南诸岛的吐噶喇列岛一带。蟹壳宽度为2～3cm。一般来说，蟹壳常见的颜色为黑褐色，蟹足常见的颜色为朱红色，但是也会有青白色。栖息在水质干净的湿地、溪流以及小河等的上流至中流一带，但是有时候它也会从河流中爬出，因而也会在田野、林间道路、水渠等地方偶尔看到它们。产卵期为每年的春季至初夏，其中体形较大的会产出数十个直径约为2mm的卵子，然后开始抱卵。虽然产出卵子的数量较少，但是在孵化的时候蟹就已经大体成形了。冬季会冬眠。
【产地、旺季】在北海道以外的日本各地区比较常见。人们也会对这类蟹进行人工养殖。
【食用方法、味道等】将其整个炸或者做成佃煮（日本特色的食材处理方法，将小鱼和贝类的肉、海藻等中加入酱油、调味酱、糖等一起炖。因其甜、辣、调味浓重，因此保存期长。经常被作为常备食品。也经常当作饭团和茶水泡饭的配料用）。这道料理发源于江户前水产的据点之一的佃岛（即中央区佃周边），因此而得名。由于考虑到其体内有寄生虫，所以对其进行充分加热十分必要。

泽蟹

十足目·抱卵亚目（腹胚亚目）
短尾下目（蟹下目）·溪蟹科·泽蟹属
Geothelphusa dehaani (White,1847)

> 整个炸是常见的制作方法。只有用这种蟹做成的料理会将其蟹的外形完全保留下来。

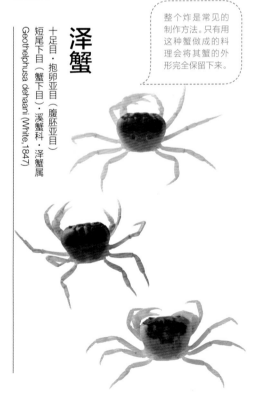

毛蟹的处理与水煮方法

◎ 由于蟹肉和蟹黄加热至熟所需的时间有差别，所以部分料理店在烹饪前会将蟹身和蟹黄分开，并分别加热处理。

用流水冲洗的同时，将脏污刷洗干净。

从蟹胸部的中间切开，切成两半。

用镊子将沾在蟹身上的蟹黄或蟹膏取出，放回蟹壳中。

用镊子夹出多余的内脏部分。

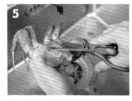

用剪刀将蟹的肺部剪掉。

将浓度为2%的盐水煮沸后放入蟹。再次沸腾后调为中火，盖上木质落盖，煮约12分钟（根据蟹的大小适当调整时长）。

煮完后，直接浸入加有2%盐的冰水中冷却。

取出蟹肉棒

从靠近长节的根部位置，将蟹足切下。

切的时候掉下来的毛，不要沾在蟹身上面。每次切完后都用水清洗。

将内侧（颜色较浅的一侧）朝上放置在菜板上，在上面用擀面杖碾压，将蟹肉挤出。较细部分的蟹足也切下，用同样的方式将蟹肉挤压出来。

将蟹胸切为原先的一半厚。

用镊子取出蟹身。

蒸蟹味噌

◎ 将内部的汁水状物质一起蒸，这一点至关重要。只有保留内部所有的液体物质，才保证蟹味噌的浓度。

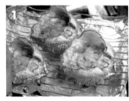

蟹味噌保持其在蟹壳中的原状（内部含有的汁水也不除去），放入可以蒸东西的厨具中。

蒸约20分钟后，常温下冷却备用。

等恢复至常温后将其从蟹壳中取出。

蟳蛑
（梭子蟹）

十足目・抱卵亚目（腹胚亚目）
短尾下目（蟹下目）・梭子蟹科・梭子蟹属
Portunus trituberculatus (Miers, 1876)

【中文名】蟳蛑

【英文名】Gazami（swimming）crab

【别名】渡蟹（由于其会游泳并能渡过海洋而得名）、菱蟹

【形态、生存现状】蟹壳的宽度超过15cm，外形与长方形、菱形的形状接近。左右两边有较大的棘刺状突起。最靠后的蟹足（第5足）的前端是变形后的扁平状"游泳足"，在海中游泳时使用。主要分布在北海道至日本九州岛、韩国、中国一带。生活栖息在内海海湾中水深约30m的泥沙底。喜爱吃的食物有小鱼、贝类、沙蚕等。母蟹的产卵期为每年的春季至夏季，小型母蟹每年产卵两次，大型雌蟹则每年分别产卵3～4次。寿命为2～3年。

【产地、旺季】有明海、濑户内海、大阪湾、伊势湾、三河湾等地作为此类蟹的产地非常出名，捕捞期旺季为晚春至冬季这段时期。虽然蟹黄和蟹膏比较肥美的秋季至冬季这段时间是捕捞和品蟹的旺季，但是如果要想品尝美味的蟹肉的话，一般来说要在夏季进行捕捞（但是要注意，不能是刚刚蜕皮后的蟹）。

【食用方法、味道等】味道、甜度皆为上等品质。蟹黄和蟹膏也非常美味。可以用来制作蒸蟹、做味噌汤、煮锅料理、炒菜、意大利面等菜式。

成熟雌性蟹的腹部较宽、较大，呈圆形。

内子（卵巢）成熟后，透过蟹壳外面也可以看得到。

蟹壳中的内子和蟹味噌（蟹黄）。

近缘种
锯蟳蛑

十足目・抱卵亚目（腹胚亚目）
短尾下目（蟹下目）・梭子蟹科・锯蟳蛑属
Scylla paramamosain (Estampador, 1949)（棘锯蟳蛑）

【中文名】锯蟳蛑

【英文名】Green mud crab（棘锯蟳蛑）

【别名】胴满蟹、甲丸

【形态、生存现状】蟹壳的背部一侧为褐色，形状接近椭圆形，边缘部位带有锯齿状的突起，成为其名字的由来。蟹壳的宽度在25cm以上。主要分布在非洲东海岸、澳大利亚、夏威夷以及日本等地。在日本分布着三种这类蟹，但它们的外观看起来非常相似。

【产地、旺季】在日本生活栖息在州中部以南的地区，特别是滨名湖、土佐湾以及西南诸岛分布的较多。一般采用刺网捕捞和地笼捕捞。

【食用方法、味道等】与蟳蛑相同。

近缘种
中国台湾蟳蛑

十足目・抱卵亚目（腹胚亚目）
短尾下目（蟹下目）・梭子蟹科・梭子蟹属
Portunus pelagicus (Linnaeus, 1758)

【中文名】蟳蛑

【英文名】Swimming blue crab

【别名】青笛蟹、绿蟹

【形态、生存现状】虽然此类蟹的公蟹从颜色和外形上很容易和蟳蛑相区分，但是雌蟹却长得非常相似。可以通过外壳上带有的凸起的数量等来进行判断区分。广泛分布在关东地区以南的日本各地，从夏威夷经东南亚、澳大利亚至东非地区的西太平洋、印度洋一带以及途经苏伊士运河的地中海地区。

【产地、旺季】主要产地为太平洋附近的千叶县，日本海周围的从山形县以南的本州至九州、西南诸岛一带。而在四国、九州、冲绳等地的一些地区，中国台湾蟳蛑的渔获量比蟳蛑的渔获量更多。

【食用方法、味道等】与蟳蛑相同。

蝤蛑的处理方法 ◎ 由于蟹肉和蟹黄需要加热的时间有差别，所以水煮前会将蟹身和蟹黄分开处理。

流水冲洗后仔细刷洗干净（＊照片中为公蟹。腹部蟹壳的形状与母蟹不同）。

掀开蟹的腹部，从胸部的中央位置入刀切开，左右分开后摘取下来。

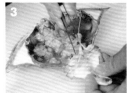

取下蟹腹部的蟹壳。

用镊子将沾在蟹身上的蟹黄或蟹膏放回蟹壳中。

去除多余的内脏部分（被称作沙袋的部分等）。

用剪刀将蟹的肺部切下后去除。与其他的蟹类一样，放入加有2%盐分的沸水中，等到再次沸腾后，调为中火，盖上木质盖子（日式落盖）煮10～12分钟（根据蟹的体形大小可适当调整），再直接浸入浓度为2%的冰盐水中。

取出煮好的蟹肉

从靠近长节根部的关节处开始，将蟹足切下。

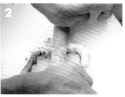

将内侧（颜色较浅的一侧）朝上放置在菜板上，用擀面杖碾压，将蟹肉挤出。较细部分的蟹足也从靠近关节的位置切下，用同样的方式将蟹肉挤压出来。

用菜刀（厚刃尖菜刀）从壳的正中间将蟹螯（蟹爪）切开，只把外壳除去。

将最靠前的部位，连带着软骨整个拔下来。

用镊子将蟹螯中的蟹肉取出。

将蟹胸部分切为原来的一半厚。

用镊子仔细地将蟹肉取出。用手指轻轻触碰，确认是否有蟹壳混入其中。

蒸蟹 ◎ 将含有的汁水同蟹黄与蟹膏一同蒸，这一点至关重要。只有保留这些内部所有的液体物质，才能更好地保证蟹黄的浓度。

将蟹味噌保持其在蟹壳中的原样（保留汁水），放入蒸器中。蒸约20分钟，放置常温下冷却备用。冷却恢复至常温后将其从蟹壳中取出。

【中文名】藻屑蟹

【英文名】Japanese mitten crab

【别名】木蟹、水蟹、石蟹、山太郎、河蟹、开蟹、须蟹、钢口蟹

【形态、生存现状】由于此类蟹的特征是螯足上长满了密密麻麻的毛，看上去像是"藻屑（海里的碎藻）"一样，因而得名。英文名"mitten crab"的命名缘由也是因为蟹螯上带有的毛。大闸蟹是这种蟹的近缘种。这类蟹广泛分布在日本境内、俄罗斯的库页岛和符拉迪沃斯托克（海参崴）、韩国的某些地区、中国的台湾及香港。它们在海域中出生后，沿着河流向上游直至淡水水域成长发育，发育成熟后公蟹和母蟹都会沿着河川向下游，在咸淡水水域以及海水水域中进行交尾、产卵。降河洄游（在淡水中生长的鱼类、性成熟时到海洋产卵繁殖的集群迁移）时期，有在秋季至冬季往下游的，也有在春季往下游的。孵化出的幼体随着浪潮向沿岸的地区分散，发育后向河川中的汽水水域上游，最终变成幼体蟹，一边成长发育一边和成年蟹一同往河川上游去。

【产地、旺季】针对捕捞为了产卵往河川下游的蟹，多采用地笼捕蟹等方法。它们生活栖息在各地的河川，一般在当地被消费的情况较多。四国的仁淀川和四万十川地区作为其产地比较有名。而在九州也经常可以吃到这类蟹。

【食用方法、味道等】制作方法一般为盐煮、蒸蟹、炖煮（日式锅料理）或者煲汤等方式。将蟹整个捣碎做成汤羹，在日本各地这种菜式多作为当地的特色菜，藻屑蟹经常被用来做这类料理。还有一点非常必要，食用前一定要注意将寄生虫杀死（详情参照P269）。

藻屑蟹

十足目·抱卵亚目（蟹下目·腹胚亚目）
短尾下目（蟹下目）·方蟹科·藻屑蟹属
Eriocheir japonica (De Haan, 1835)

公蟹

母蟹

主要品尝这类蟹的蟹黄或蟹膏。为了除去其体内的寄生虫，必须仔细处理干净并加热。

【中文名】绒螯蟹

【英文名】Chinese mitten crab

【别名】上海蟹

【形态、生存现状】与日本的藻屑蟹是同属不同种。蟹壳的宽度约为8cm，它的蟹螯上也同样长满了许多毛。其产卵、抱卵之后排在海中的幼体，经过数次蜕皮后最终从河口处往上游至河中，发育成幼体蟹后，在泥中挖出自己栖息生活的洞穴。

【产地、旺季】以中国的长江流域为中心，广泛分布在诸多地区的河流中。在朝鲜半岛也有它们的身影。被大量人工养殖，位于江苏省苏州市的阳澄湖作为其产地非常有名。捕捞旺季为秋季。

【食用方法、味道等】蒸蟹和"醉蟹"（酒醉蟹）这两种做法非常有名。

近缘种

绒螯蟹（上海蟹）

十足目·抱卵亚目（蟹下目·腹胚亚目）
短尾下目（蟹下目）·方蟹科·藻屑蟹属
Eriocheir sinensis (H.Milne-Edwards, 1843)

公蟹

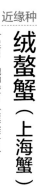
母蟹

虾蛄

口足目（虾蛄目）·虾蛄总科·虾蛄科·口虾蛄属

Oratosquilla oratoria (De Haan,1844)

与虾、蟹类似的生物

* 虽然同为甲壳类动物，也是虾类的同类，但并不是蟹类的同类。

【中文名】虾蛄

【英文名】Mantis shrimp.squilla

【别名】虾蛄、甲虾、虾爬子

【形态、生存现状】体长通常为12~15cm，也有稍微大一点的。有时也会被称作皮皮虾（或虾蛄虾），其腹部比较发达，第一眼看去好像是虾，但仔细观察后就会发现它的身体构造与虾类有着很大的区别。最明显的不同之处就是蟹和虾都有形似剪刀的"螯"，而虾蛄没有。取而代之的是，虾蛄拥有一对像镰刀一样有力的捕食足，利用捕食足它可以敲开和打破蛤仔壳以及蟹壳。它主要分布在俄罗斯的沿海各州至中国台湾地区一带，并能在海湾和内海海底的砂石、沙泥中挖掘出"U"字形的巢穴，栖息生活在其中。

【产地、旺季】比较有名的产地为有明海、冈山县、广岛县、爱知县以及北海道的小樽地区。雌性虾蛄的产卵期为春季至初夏，雄性虾蛄肉质丰满的秋季是捕捞、品虾蛄的旺季。雌性虾蛄产卵期的卵巢被称作"鲣节"，是很珍贵的食材。

【食用方法、味道等】虾蛄死后，在酶的作用下身体会直接被分解，所以要在其活着、新鲜的时候迅速水煮。市售的多为水煮后、剥好的虾蛄。在日本，常常作为寿司米饭上的食材来使用。

煮虾蛄的方法 ◎ 生虾蛄处理后直接水煮。

1 将活虾蛄放入厨用筅篱中（不要放太多，方便捞出即可），再放入盐浓度为2%的沸水中。

2 再次沸腾后，调为中火，盖上木质的盖子（日式落盖）继续水煮5~10分钟（根据虾蛄的大小适当调整水煮时长）。

3 完成水煮。

4 放入盐浓度为2%的冰水中，使虾壳更容易剥除。

取出虾蛄肉的方法

1 冷却后从冰水中取出，沥干水分。

2 用剪刀将头部剪掉。

3 将尾部两边切成"V"字形。

4 将拇指插入虾蛄肉身和外壳之间的同时，一节一节地将虾蛄肉身剥下（虾蛄的腹部不太容易剥）。

5 将剥好的虾蛄肉在冷藏室中放置一日后可以增加味道的甜度。

专卖店创意料理（外壳的灵活运用）

◎ 虾高汤

* 在一些料理店中，会利用各种各样的虾和蟹的外壳做成虾高汤。其中日本对虾（车虾）的外壳可以提炼做出上等品质的出汁。只使用覆盖在虾头（头胸部）的外壳，可以提炼出澄清、琥珀色、有香味的品质优良的虾高汤。

* 将虾和蟹剥后的外壳直接冷冻起来（如果不冷冻很快就会发黑），将其积存达到一定量后，便可用作提炼虾高汤（达到一定量后一起制作的话，可以提炼出浓度更高、更美味的出汁）。

* 比起对虾壳不做处理直接煮汁的方式，煮汁之前过火烤一下，可以使其更有风味。

* 外壳在烤之前稍微过水煮一下，除去浮沫杂质。

只使用覆盖在虾头（头胸部）的外壳（没有虾黄等物质的虾头）。

将锅中的热水煮沸，并将锅中盛满虾头的外壳（实际上可以将更多的外壳放入大锅中，大量制作）。

沸腾后用厨用笊篱滤去表面的浮沫。

放在方形烤盘中摊开。

放入调为中火的烤箱（或烤炉）中烤制。

烤出颜色后，翻面后再次烤，直至烤出香味。

放入锅中，使水刚刚浸没虾头外壳，再加入日本酒（纯米酒）。

放入昆布（海带）。

开猛火使其快速沸腾，撒一次浮沫后调为中火，用小火慢煮约30分钟。

在两个厨用笊篱间塞入厨用纸巾，过滤。提取出的虾高汤，分成几小部分进行冷冻方便使用，一些料理店一般来说一个月制作一次虾高汤后冷冻保存。

虾头外壳，将其粉碎后冷冻处理。当需要制作味道浓厚的虾高汤时可以使用。煮沸时，加入被粉碎的外壳，撒去浮沫后再做干燥处理，然后放入烤箱中烤，重复上述步骤继续提炼出虾高汤。

◎ 虾油

* 在一些料理店中，在去除掉日本对虾（车虾）虾头（头胸部）的外壳后，会将其连同胸部两侧的虾足和虾黄及内脏，一同冷冻放置起来。等到积攒够一定数量后用来制作提取虾味噌油。上面澄清部分的油和沉淀下来的提炼物都可以使用。

* 提取后的虾味噌油可以被用于制作各种各样的沙拉调料、酱汁、煎虾黄油中。虾味噌可以直接使用，也可以与其他原材料相配合做成沙拉酱来使用。

* 制作时在其中加入虾足，做出来的虾味噌油的香味更浓郁。

1 预先冷冻保存好的带有虾足和虾内脏的虾胸部位。

2 放入锅中，用米糠油将其刚好浸没（油与虾等量）后开大火，将温度上升至约150℃（注意不要煳锅）。

3 当虾足部发出"嘎吱嘎吱"的响声时，虾的香味就会渗入油中，虾黄也会溶解入油中（为避免虾黄烧焦，需要时不时地搅拌）。

4 用厨用笊篱过滤。

5 用捣碎器从上面一边按压一边过滤。放置冷却。

6 图为提取后的虾油。底部会有沉淀物。

7 一些料理店一般会一次性制作很多，然后将油倒入空塑料瓶中，再将上面带有少部分沉淀物的虾油冷藏保存。

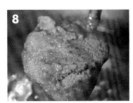

8 制作出来的虾油也可作为非常美味的沙司酱。

【 使用虾油制作料理 】

虾味海鳗蛋黄烧

带有浓郁虾风味的蛋黄酱
搭配上淡白色的海鳗

1. 虾蛋黄酱（适量）：在厨用半球形钵碗中打入一个蛋黄，一点点倒入200mL虾油，用打蛋器搅拌，加入10mL米醋、适量盐及胡椒粉，搅匀后用芥末调味。
2. 将去骨后的海鳗穿成串，撒适量盐后烤，在带皮的一侧烤酥脆的地方涂抹上蛋黄酱（每一份约5g），再次烤，直至烤至轻微上色。用餐具盛放，放上虾油蛋黄酱。

虾油橄榄

喝葡萄酒时
的佐酒料理

将脱盐处理过的绿橄榄（大）中的水分除去，提前将其放置于虾油（含有沉淀物的部分）中腌制1天以上。将虾黄等沉淀物均匀涂抹在绿橄榄表面后完成制作，并提供给顾客。

虾、蟹、乌贼、章鱼图鉴　专业的基础技术与创意料理　39

◎ 虾尾的利用

* 利用好日本对虾（车虾）的虾尾，可以提取出品质非常好的汤汁。一些店会利用其制作料理和虾尾酒。这种酒越喝越会觉得虾味浓厚，品其中味道的变化也是一件乐事。

车海老虾尾酒

1. 将15只日本对虾（车虾）的虾尾（一份）迅速用盐水煮后，离火远一点后用小烤炉烤（仔细、认真烤，注意不要烤焦，这点非常重要）。
2. 烤出香喷喷的香味后，将步骤1的食材放入温酒的容器中，注入180mL日本酒，温至80℃左右。
3. 在液面点火后，盖上盖子提供给客人。

◎ 虾蟹粉

* 在一些料理店中，会灵活使用虾壳和蟹壳制作成粉末。可以将其撒在料理上面，或者搭配等量的食盐制作成虾味食盐。也可以作为制作和果子（日式小点心）等的面团原料。经过烤制后香味散出，制作出的食物，会带有浓厚的虾蟹风味。

* 选用日本对虾（车虾）的虾做出来的虾蟹粉味道更好。选用松叶蟹的蟹壳味道更好。

日本对虾（车虾）的虾壳粉末

放在太阳光下晒干后即为干燥的日本对虾虾壳。

适量放入研磨机后，用研磨机一点点研磨。

倒入厨用笊篱盛装。

摇晃厨用笊篱，将滤出的残留物倒入研磨机再次研磨。

多次重复步骤2~3后，得到质地较细的粉末。

[松叶蟹蟹粉]

放在太阳光下晒1个月左右后，即可得到松叶蟹蟹壳。

与左侧制作虾粉末的方法相同，将蟹壳制作成粉末状。

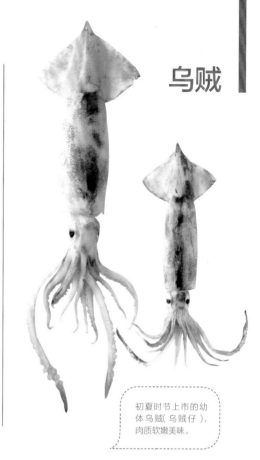

乌贼

太平洋褶鱿鱼

管鱿目·闭眼亚目·鱿科·褶柔鱼亚科·北鱿属

Todarodes pacificus (Steenstrup,1880)

【中文名】白鱿鱼

【英文名】Japanese flying squid

【别名】云母、乌贼

【形态、生存现状】乌贼的外套膜长度（躯干长度）为25～30cm。两只乌贼鳍呈现棱形。太平洋褶鱿鱼作为沿着日本列岛来回环游的一种乌贼被人熟知。在东海和日本海西南部等海域出生的幼体乌贼，随着海流，沿着日本列岛向太平洋周边或日本海周边北上。最终抵达饵食丰富的东北地区和北海道附近的海域，并在那里发育成长。然后会沿着与来时相反的路，开始往回游，返回自己出生的故乡——大海，在那里产卵，直至结束自己的一生。根据这一行为发生季节的不同，可以大致将其分为3群。其寿命与大多数的乌贼相同，约为1年。最近几年分布生活的区域有所扩大，从美国的阿拉斯加州至加拿大西部的近海海域，南面可至越南地区。

【产地、旺季】捕获旺季为夏季至秋季。捕捞量最多的地区为青森县、北海道等地。虽然对日本人来说，对此类乌贼已经较为熟悉了，但是在2016年之后，捕捞记录上所显示的捕捞量持续较少。究其原因，主要是海洋环境的变化对其造成了影响。

【食用方法、味道等】被用来制作日式、西式、中式等各类料理。其内脏部分比较大，常常用这种乌贼来制作腌制乌贼、咸味乌贼。

初夏时节上市的幼体乌贼（乌贼仔），肉质软嫩美味。

白鱿鱼的处理方法

1 将手指插入乌贼体内，从软骨部位开始将内脏去除，一边抓住其足部，一边轻轻将内脏抽出。

2 抽出软骨。

3 取下漏斗（由肌肉构成，与身体和足部一样可以食用）。

4 将内脏部分从根部切除。

5 从眼部的一侧切入后切开。

6 切下眼部。

7 取下连接乌贼腿根部的嘴巴部位。

8 将墨囊摘除，注意不要将其弄破。

9 用流水冲洗的同时，剥除身体表面的皮。

10 剥除乌贼鳍表面的皮。

枪乌贼

管鱿目·闭眼亚目·枪乌贼科

Hotolololigo bleekeri
(Keferstein,1866)

【中文名】枪乌贼
* 由于外形与枪尖相似，因而得名枪乌贼。
【英文名】Spear squid
【别名】乌贼、巨嘴乌贼、柔鱼、巨公
【形态、生存现状】雄性的外套膜长（体长）为30～40cm，雌性为20～30cm。主要生活栖息在日本周边的海域至朝鲜半岛沿岸一带。与主要分布在远洋的太平洋褶鱿鱼相比，枪乌贼主要分布在海洋沿岸。虽然通常生活栖息在水深30～200m的区域，但是在产卵期会向沿岸的礁石区域移动靠近。

【产地、旺季】渔获量较多的地区有青森县、北海道（道南地区）、宫城县、爱知县。由于渔获到的多为了产卵而向沿岸移动靠近的枪乌贼，因而旺季会集中在12月～次年4月这一时期，特别是体内带卵的枪乌贼非常受人们的欢迎。夏季至秋季渔获的幼体乌贼（小枪乌贼）也非常美味。
【食用方法、味道等】虽然肉质较嫩，但是却又有恰到好处的嚼劲。与太平洋褶鱿鱼相比，更适合做成寿司。小枪乌贼适合做成大小固定的填馅儿式料理，在餐厅中也便于制作。

剑先乌贼

管鱿目·闭眼亚目·枪乌贼科·剑先乌贼属

Uroteuthis edulis (Hoyle,1885)

【中文名】剑先乌贼
【英文名】Swordtip squid
【别名】乌贼、达摩乌贼
【形态、生存现状】虽然外形与枪乌贼比较相似，但是与之不同的是，略短且偏胖一点，两只触腕比较长。乌贼鳍（耳朵）的前端，不像枪乌贼那么尖锐。根据被孵化出来的时期和生活栖息场所的不同，体形也会有差异，有身体稍微细长一点的，也有稍微胖一点的等，乍一看像别的种类的乌贼（仅从外观上来看），也有些乌贼存在着被叫错名

字的情况。
* 详情参考别名。其广泛分布在青森县以南至菲律宾、澳大利亚一带。与枪乌贼相比，更喜欢温度较暖的海域。

【产地、旺季】主要在四国地区与九州地区被捕捞上来。它们为了产卵会在春季～夏季向海岸移动靠近，由于捕捞高峰时期与这段时间刚好重合，因而一般来说，夏季成为了其捕捞的旺季。
【食用方法、味道等】与枪乌贼相比，肉质较厚，即使是烹调后依旧很硬。甜味较重。

荧光乌贼

管鱿目·开眼亚目·武装鱿贼科·荧光乌贼属

Watasenia scintillans (Berry,1911)

【中文名】荧光乌贼
* 由于身体会像萤火虫一样发光，因而得名荧光乌贼。
【英文名】Firefly squid
【别名】乌贼、松乌贼
【形态、生存现状】雄性个体的外套膜长（体长）为4～5cm，雌性个体为5～7cm。分布在日本近海区域，主要分布在日本海全海域和太平洋周围的一部分海域。平常一般生活在水深200～700m的地方，但是到了3～5月产卵期，会游到并出现在海岸附近。
【产地、旺季】渔期在2～5月前后。兵库县的滨坂渔港的捕获量位居第一名。富山县作为

此类乌贼的产地，也非常有名。在富山湾，会在天刚蒙蒙亮的时候捕捞夜间浮上来的荧光乌贼。由于使用的是定置网捕捞的方法，不容易弄伤荧光乌贼并保证鲜活，因而在餐厅中此类乌贼非常受食客欢迎。
【食用方法、味道等】虽然流通在市场中的大多数为水煮后的荧光乌贼，但是也可以找到未经处理的生鲜荧光乌贼。由于考虑到生鲜的荧光乌贼中可能有寄生虫的存在，因而要进行适当的冷冻处理和加热（详情请参照P269）。为了防止口感变差，需将其眼睛、嘴、软骨的部位除去。内脏也别具风味。

对煮好的荧光乌贼进行预处理

取下眼睛部位。

取下嘴巴部位。

取下软骨部位。

【中文名】甲乌贼

*由于身体内含有石灰质构成的大乌贼骨，因而得名甲乌贼。

【英文名】Cuttlefish

【别名】墨鱼

*由于会吐出很多的墨汁，因而得名墨乌贼）、针乌贼（在西日本地区的称呼。

*由于墨鱼壳的前端像针一样尖锐，因而得名）、金乌贼

【形态、生存现状】外套膜长（体长）约为17cm。乌贼鳍位于外套膜两侧边缘的全体部位。生活栖息在水深10～100m的砂石底部，以甲壳类、小鱼以及软体动物为食。其名称由来的"甲（即墨鱼壳）"部位是由碳酸钙构成，担任调节浮力的机能。这种只有甲乌贼同类具有的独特外形特征，从具有较强游泳能力的障泥乌贼身上的薄几丁质外壳进化而来。被叫作"纹甲乌贼"的，原本应该指的是雷乌贼，但是却被作为在大西洋和印度洋等地被捕获的欧洲甲乌贼、虎斑乌贼，以及其他各类大型甲乌贼等的市场售卖流通名使用。

【产地、旺季】包含瀬户内海至九州等在内的西日本地区是主要的产地。在关东地区，其产卵的高峰期是4月，在九州则是在5～6月，在这个顶峰期结束之前的时期都是旺季。它们在夏季至秋季期间被捕获，长大到5cm前后的小型乌贼被送到餐厅，作为寿司店等各式餐厅中的"新乌贼"使用，受到食客们的欢迎。

【食用方法、味道等】与擅长游泳的障泥乌贼相比，肌肉不发达，肉质厚实柔嫩。

甲乌贼（墨鱼、金乌贼）

乌贼目·乌贼科·乌贼属

Sepia (Platysepia) esculenta (Hoyle,1885)

障泥乌贼

管鱿目·闭眼亚目·枪乌贼科·障泥乌贼属

Sepioteuthis lessoniana (Lesson,1830)

【中文名】障泥乌贼

*由于其乌贼鳍的颜色和外形，与挂在马身体上的马鞍两侧，用来挡避泥土的马具"障泥"相似，因而得名障泥乌贼。

【英文名】Bigfin reef squid、Oval squid

【别名】芭蕉乌贼

【形态、生存现状】外套膜长（体长）为40～45cm。身体形状近似圆形，边缘部位有半圆形的乌贼鳍。喜爱捕食各种各样的鱼类和虾类等。障泥乌贼类广泛分布在以赤道附近为中心的亚热带以及温带地域的南方系乌贼，也有分布在日本北海道南部以南各地的沿岸海域的乌贼。近些年，经确认核实，在日本沿岸生活栖息着遗传基因不同的三种障泥乌贼，为了方便区分，将它们分别称为白乌贼型、赤乌贼、小型障泥乌贼。白色障泥乌贼广泛分布在日本沿岸，赤色障泥乌贼分布在冲绳县至长崎县（五岛列岛）、德岛县、小笠原以及伊豆诸岛，小型障泥乌贼主要分布在琉球群岛。生活在日本本土的障泥乌贼的产卵期为4～9月。它们会将像豆荚一样的透明果冻状固体的卵囊块，附着在沿岸海域生长繁茂的藻类等生物上产出。

【产地、旺季】在太平洋周边的神奈川县至鹿儿岛县一带，春季至夏季这一期间段，障泥乌贼为了产卵会不断地向浅水水域靠近移动。人们以9～12月在浅水水域成长发育的幼体障泥乌贼为目标，进行捕捞作业。而在日本海周边的富山县和京都府地区，会将9～12月的渔获作业作为重点。

【食用方法、味道等】肉质较厚，美味，甜味较浓厚。

障泥乌贼的处理方法　◎ 将食用时影响口感的薄皮，认真细致地剥开后去除。

1

从乌贼身体的正中央位置入刀，切至内部的乌贼壳，切开深深的切口。

2

剥开切口，将透明的乌贼壳取下去除。

3

剥下内脏部分（注意在操作过程中，不要将墨囊弄破）。

4

摘除下内脏部位的乌贼身体。

5

将手指插入身体与乌贼鳍的中间部分，事先剥至一定程度备用。

6

按住乌贼鳍，拖扯乌贼肉身，将其剥离出来。

7

用厨用纸巾擦下残余的薄膜。

8

切下软骨部分。

9

将边缘坚硬的部分，切成小细条取下。

10

竖着切分成4等份。

11

将各个边缘部分稍微切一点，再从切口处剥去薄皮。用厨用纸按压住乌贼肉，将皮拖拽下来。

12

图为乌贼鳍。

13

翻面，将两侧的乌贼鳍切开后取下。

14

将乌贼鳍上的皮边扯边剥下来。用厨用纸巾将残留的膜擦取下来。

15

将漏斗从内脏部分切开分离。

16

将内脏部分和头部切开分离。

17

将漏斗切开分离。之后，将头部从乌贼足上切下并除去。

18

取下乌贼嘴。

19

将乌贼足部分切开（在开门营业前提前做好准备，可有效缩短烹饪时间）。

【中文名】真蛸
【英文名】Common octopus
【别名】章鱼

【形态、生存现状】其身体全长60cm左右，体重约为3kg。身体的颜色以及身体表面突起的长度，能够随着周围环境的变化而改变，模拟成岩石和海藻的形态。其在日本的太平洋一侧，主要分布在三陆地区以南一带，在日本海一侧，则主要分布在北陆地区以南至九州地区附近。生活栖息在沿岸的沙土地和岩礁水域，白天的时候它们会待在海底的岩石洞穴和岩石的裂缝等处，到了晚上才会出来活动，捕食虾和双壳的贝类。产卵期为5～10月。雌性会将长约10cm的一些簇状卵块，产出并悬挂在岩棚的下面以及岩洞等地方（因为外形与紫藤花相似，因为也被称作"海藤花"）。在常磐海域中，主要存在着"地章鱼"和"渡章鱼"两种类型的生物，定居型的地章鱼在幼体章鱼沉入海底后定居于此，洄游型的渡章鱼在每个季节都会进行大规模的迁徙。

【产地、旺季】在捕捞渔获方面，其主要的捕获方式是根据章鱼的习性而进行的"章鱼壶"捕捞。在兵库县明石海域捕获的"明石章鱼"比较有名。捕捞旺季根据产地有所不同，在包括明石在内的濑户内海周边，将在6～9月前后进入产卵期的章鱼称作"麦秸章鱼"，这一期间也成为了其捕捞和消费的旺季。另一方面，在三陆地区的渔期为11～12月，而在茨城县地区的渔期则为12月～次年2月前后。

【食用方法、味道等】在日本以外的地域、地中海沿岸一带以及西班牙的加利西亚等地区的人们常食用此种章鱼。在诸多国家的菜单中，也能看见传统章鱼料理的身影。

章鱼

真蛸

八腕目·真蛸亚目·章鱼科·真蛸属
Octopus vulgaris (Cuvier,1797)

在西班牙，经常使用晒干的章鱼来制作美味的汤汁。

真蛸的预处理　◎ 将其内脏部分取出，用盐仔细揉搓使其变光滑。

1 取出章鱼足（腕）根部中央的嘴巴部分。

2 将内脏从其体内取出后除去，用水将其身体和足部仔细冲洗干净。

3 将翻开后的章鱼身放回。

4 撒上盐后，仔细揉搓，使其变滑。

5 用水冲洗。

水蛸
（北太平洋巨型章鱼）

八腕目・真蛸亚目・章鱼科・水蛸属
Enteroctopus dofleini (Wülker, 1910)

【中文名】水蛸
*因为身体水分含量高，因而得名水蛸。
【英文名】North pacific giant octopus
【别名】大蛸
【形态、生存现状】作为全世界体形最大的章鱼类生物，其身体全长可达3m，体重约为30kg。足（腕）的长度占身体全长的70%～80%。一条腕足上有250～300个吸盘。喜爱捕食鱼类和乌贼类生物，尤其是贝类与甲壳类，发育成长速度极快。由于是寒水性章鱼，其主要分布在日本的东北地方以北的北洋海域，以及阿拉斯加、加拿大、北美的沿岸一带，广泛生活栖息在水深1m以内的浅水区域至水深约200m的水域。主要是受季节性的影响，会在浅水区域和深水区域进行移动。一生只会产卵一次。虽然

雄性个体会在交配后的数个月后死亡，但是雌性个体会移动至沿岸的岩礁地带并进行产卵。在6～7月产卵期期间，雌性会通过分泌物将卵子纺在一起并做成海藻花形状的一挂卵块，挂在岩石上面等照看、照料。直至照看到第二年1月份前后孵化出来，然后结束自己的一生。雄性和雌性的寿命一般来说均为4～5年。
【产地、旺季】主要在北海道地区以及东北地区被渔获捕捞。鱼汛旺季集中在秋季至冬季期间，这一时期也是章鱼为了完成交配向浅海域移动的时间。而在宫城县南三陆地区，底拖网捕捞的禁渔期间的7～8月这一时期，是筐捕水蛸的旺季。
【食用方法、味道等】与真蛸相比，肉质更加嫩。一般被用作刺身食用。其吸盘也很大，比较有嚼劲。

水蛸足的预处理

① 用流水冲洗的同时，一边捋一边洗。

② 一边用菜刀压住水蛸足身，一边将其外皮扯下。

③ 将带有吸盘的外皮，干净地剥下来。

④ 用菜刀将其切开分离。

⑤ 残留下来的薄皮也同样需要剥下来。

⑥ 图为剥皮后的水蛸足的肉，以及带有吸盘的外皮。水蛸的吸盘很大，易于使用。

【中文名】短蛸
*由于其躯体塞满了米粒一般大小的卵子，故有"饭蛸"的别称。又或是因为其食用起来的口感像米饭一样，因而得名。

【英文名】Webfoot octopus
【别名】章鱼（抱子）、石斑鱼、饭蛸
【形态、生存现状】其主要生活在从北海道南部以南的沿岸海域至朝鲜半岛南部、中国沿岸的浅海域一带。是全身长为20～30cm的小型章鱼。栖息在水深10m以上、散布有暗礁和石子的砂泥底中，较多在内海海湾。其产卵期为冬季至春季，主要产在石子之间等处，其产出的卵子比真蛸的卵子更大，总计产出200～600个直径为4～8mm的卵子。真蛸在孵化完成后不久，就会开始进行浮游生活，但短蛸在完成孵化后则是直接进入水底生活。其寿命大约为1年。
【产地、旺季】虽然其在各地的沿海沿岸都可以捕获得到，但濑户内海沿岸的香川县、爱媛县、兵库县等地、爱知县、熊本县、福冈县等地作为其产地较为知名。抱卵的雌性短蛸比较受欢迎，其开始怀卵的时期为1月左右到4月，这一时期也是渔获短蛸的旺季。
【食用方法、味道等】大多选体内充满的卵子食用或烹饪。

短蛸

八腕目・无须亚目・蛸科・蛸亚科・蛸属
Octopus ocellatus (Gray,1849)

虾、螃蟹、乌贼、章鱼
丰富多样的菜式

- 本书为读者介绍了如何采用各种各样的虾、螃蟹、乌贼、章鱼制作出不失材料原味的日式、西式、中式三种风格的菜肴。

厨师　　　店名
- 加藤邦彦　产贺（うぶか）
- 笠原将弘　赞否两论（賛否両論）
- 福岛博志　海罗亚（Hiroya）
- 佐藤护多拉多利亚・比库罗雷・横滨（トラットリア・ビコローレ・ヨコハマ）
- 酒井凉阿鲁道阿库（アルド アツク）
- 田村亮介麻布长江香福筵（麻布长江香福筵）

- 对虾…48
- 天使虾…60
- 车虾・黑杂鱼虾〈泥虾、猛者虾〉…64
- 凡纳滨对虾…68
- 角长千寻虾〈辣椒虾〉・蓑衣虾〈幽灵虾〉…69
- 红丹虾〈藻虾〉…72
- 北国红虾〈甜虾〉・牡丹虾〈寺尾牡丹虾〉・绯衣虾〈葡萄虾〉…76
- 诸棘红虾〈缟虾〉…88
- 团扇虾・蝉虾…92
- 藜虾・大腰折虾〈蜘蛛虾〉…94
- 伊势龙虾…98
- 龙虾…101
- 樱虾…108
- 河虾…114
- 虾子…118
- 北太平洋雪蟹…119
- 圣子蟹※雌性雪蟹…134
- 帝王蟹…138
- 高脚蟹…147
- 花咲蟹・金色帝王蟹…150
- 毛蟹…150
- 梭子蟹〈渡蟹〉・锯螂蛑…164
- 软壳蟹…172
- 蟹味噌…173
- 皮皮虾…180
- 枪乌贼…184
- 剑先乌贼…193
- 鳎乌贼…200
- 阵胴乌贼〈笔管〉…204
- 荧光乌贼…208
- 障泥乌贼…218
- 甲乌贼〈墨乌贼〉・乌贼〈纹甲乌贼〉…222
- 乌贼肠・乌贼蛋〈包卵腺〉…234
- 真蛸…235
- 饭蛸…253
- 水蛸…260

虾

对虾

芜菁、鲜虾真薯

将虾仁切成大块，
取适量放入芜菁中。

对虾球　清汤做法
海葡萄　臭橙

虾仁不要弄得太碎，否则会影响口感。
放入少量调味料，保留虾仁原有的味道。

对虾　荧光乌贼
西蓝花　芥末醋味噌

春季食材拼盘，
淋上芥末醋味噌。

手握虾和烤茄子　醋冻

完美凸显对虾鲜艳的色泽，制作成手握风格。
酸酸的醋冻的加入让整道菜顺滑又爽口。

芜菁、鲜虾真薯

赞否两论（赞否両論） 笠原

材料（4人份）

芜菁…4个

白舞茸…1包

┌ 鲣鱼汁…600mL

A 淡口酱油…30mL

└ 味醂…30mL

汤底（※）…适量

对虾…4只

真薯材料（容易制作的量）

┌ 白身鱼的肉糜…500g

│ 蛋黄…3个

│ 香油…180mL

│ 无酒精成分的酒…180mL

│ 蛋清…1个

└ 盐…少量

* 用蒜缸（或者食品加工机）充分搅拌。

鸭儿芹（取茎，从一侧横切）…3根

※汤底：将1L鲣鱼汤汁、2大匙酒、2小匙淡口酱油、1/2小匙
粗盐放入锅中，煮开锅之后关火。

1　芜菁去皮，放入A部分调料中煮，使其充分
入味。白舞茸放入底料中快速煮一下，之后捞
出备用。

2　虾去皮、去除虾线、切成大块，放入适量
真薯材料搅拌均匀。

3　将步骤1的芜菁中间部分掏空，放入步骤2
的虾仁，之后放到锅里蒸熟。

4　将步骤3的芜菁和步骤1的白舞茸盛入碗
中，倒入凉至温热的汤底中，最后在真薯上面
放上鸭儿芹作为点缀。

对虾球　清汤做法
海葡萄　臭橙

产贺（うぶか） 加藤

材料（1人份）

对虾…2只（1只约30g）

白身鱼肉糜…15g

海带汤汁（※）、酒、盐…各适量

汤底（※）…120mL

海葡萄、臭橙（切成薄圆片）…各适量

※海带汤汁：将30g罗臼海带放入1L水中浸泡1天而成。
※汤底：在汤汁（用罗臼海带和鲣鱼熬制而成）中放入少量
　　酒、淡口酱油、盐调味。

1　对虾去头、去虾线、剥壳后取出虾仁。取
出虾黄备用。

2　将步骤1的虾仁简单敲打几下，加入虾味噌
和白身鱼肉糜，加入海带汤汁稀释一下，最后
放入少量酒和盐调味。

3　将步骤2的材料拌匀、放入盐水中煮开。
装盘，浇入温汤底、最后放上臭橙和海葡萄
即可。

对虾　荧光乌贼
西蓝花　芥末醋味噌

产贺（うぶか）加藤

材料（1人份）

对虾…1只（30g）

荧光乌贼…3只

西蓝花…10g

芥末醋味噌（※）…3g

盐、酒、汤底（※）…各适量

※芥末醋味噌：先用醋稀释味噌，加入10%的芥末（搅匀）。
※汤底：在汤汁（罗臼海带和鲣鱼熬制而成）中倒入少量酒、
淡口酱油、盐调味。

1　对虾去头、去除虾线，放入盐水中焯。剥壳后取出虾仁、撒上盐调味。将虾头和酒放入锅中炒，去除腥味，同时取出虾味噌备用。
2　将荧光乌贼用盐水焯一下，去除眼睛、嘴、软骨、放入汤底浸泡备用。
3　用盐水焯西蓝花，之后放入汤底浸泡备用。
4　将步骤1的对虾从后背切开、放入虾黄。连同步骤2的荧光乌贼、步骤3的西蓝花一起盛到容器中，最后淋上芥末醋味噌即可。

手握虾和烤茄子　醋冻

赞否两论（賛否両論）笠原

材料（2人份）

对虾…4只

茄子…2个

盐…少量

马铃薯淀粉…适量

醋冻

汤汁…360mL

淡口酱油…15mL

浓口酱油…15mL

A　味醂…30mL

千岛醋…60mL

砂糖…少量

明胶…7.5g

芽葱、紫苏花穗…各少量

1　醋冻：将材料A的调料混合煮开、放入泡好的明胶使其充分融化，之后放到冰箱里冷却凝固备用。
2　将茄子直接放到火上烤，烤熟之后剥皮、之后切成适口大小。
3　对虾剥壳之后从腹部切开、撒盐后涂上马铃薯淀粉，揉匀后穿上扦子。放入盐水中稍微煮一下然后放在火上烤、最后放入冰水中。
4　将步骤2的材料和去除水分的虾仁（步骤3）盛到容器中、淋上步骤1的醋冻。最后放上芽葱，撒上紫苏花穗即可食用。

鲜对虾

对虾腹部的肉质更甜。制作时将腹部作为切入口并尽量切成大片，这样舌尖更能品尝到食材本身的甜味。

海老芋　虾末

将虾末充分地覆盖到热乎绵软的海老芋上，使口感更加美味。

鲜虾沙拉

使用虾肉、虾酱、虾壳，
搭配蔬菜制成沙拉。

**对虾和开心果古斯古斯
红辣椒沙司**

添加了古斯古斯（摩洛哥、阿尔及利亚等
地的特色菜肴，用粗麦粉佐以牛、羊肉
和蔬菜制成）的辣椒酱搭配含有对虾鲜味
的红辣椒沙司。

鲜对虾

产贺（うぶか） 加藤

材料（1人份）

对虾（活）…3只（1只30g）

日本酒…少量

配料

┌ 白瓜、紫苏叶、紫苏花穗、红蓼、

└ 　芥末（泥）…各适量

1　对虾去掉头部、去除虾线，剥壳后取出虾仁。

2　用菜刀从虾腹部切开。如果有卵巢，则将其去除（图1~图3）。

3　用加入少量日本酒的冰水将步骤2的虾快速清洗后马上捞出，用毛巾吸去表面的水分（图4~图6）。

4　将虾腹部朝上、放到卷起的毛巾上（图7），可以将刀倾斜切开小口（图8），便于切断虾的纤维（当心不要切断、慢慢切入）。

5　将虾的尾部切断（图9。切掉的部分可以用于制作丸子等），装盘后加入配料（根据个人喜好可以加盐或酱油）。

海老芋　虾末

赞否两论（赞否両論） 笠原

材料（2人份）

海老芋…2个

对虾…4只

大米…少量

┌ 汤汁…600mL

│ 淡口酱油…40mL

A

│ 味醂…40mL

└ 砂糖…少量

马铃薯淀粉水…少量

黄柚子泥…少量

1　海老芋去皮、切成适口大小。放入加米的水中焯一下，之后用水冲洗。

2　将步骤1的海老芋放入A调味料中，小火熬制备用。

3　去除对虾的壳和虾线、切成小块。

4　将步骤2的汤汁倒出一部分到其他锅中，之后开火。用马铃薯淀粉水勾芡、加入步骤3的虾充分搅拌后放入锅中。

5　将步骤2的海老芋盛到容器中，浇上步骤4的汤料，最后撒上黄柚子泥即可。

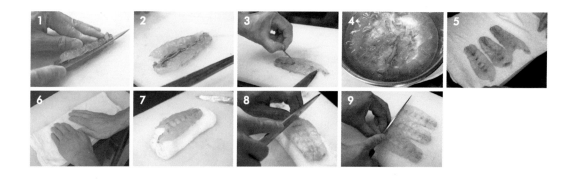

鲜虾沙拉
产贺（うぶか） 加藤

材料（3人份）

对虾…3只（1只30g）

蔬菜
- 芜菁（3种颜色）…各1个
- 芽芜菁…3个
- 番茄…1个

虾沙拉（容易制作的量）※使用20mL
- 虾味噌油（参照P39）…600mL
- 米醋…200mL
- 盐…3g
- 胡椒粉…少量

* 碗中放入米醋、盐、胡椒粉，一边加入虾味噌油一边用搅拌器充分搅拌。

盐、马铃薯粉、炸食品专用油…各适量

美食花…适量

虾粉（※）…适量

※ 虾粉：对虾用盐水焯一下，剥下的壳铺在方平底盘中、慢慢地用烤炉烤防止烤焦。之后放入研磨机中将其磨碎、最后筛成细粉。

1 3个颜色的芜菁都留出少许根茎部分之后切成弧形、焯水。芽芜菁也焯水。番茄用开水烫后去皮切成弧形。

2 对虾去掉头部、去除虾线，剥壳后取出虾仁。从腹部切开、放到加盐的开水快速地焯一下后用凉水冲。最后去除虾表面的水分备用。把包裹虾身的外壳部分沾上马铃薯粉放到锅里炸。

3 将步骤1的蔬菜和步骤2的虾仁装盘，淋上虾沙拉。撒上美食花，最后撒上虾粉即可。

对虾和开心果古斯古斯
红辣椒沙司
比库罗雷·横滨（ビコローレ·ヨコハマ） 佐藤

材料（4人份）

对虾…4只（1只38g）

盐…适量

沙司
- 红辣椒…1/3根
- A 彩椒…2个
- 洋葱…1/2个
- 大蒜…1/2瓣
- 橄榄油…适量
- 番茄酱（过滤的熟透的番茄制品）…100g
- 浓汤（参照P268）…50mL

开心果古斯古斯
- 古斯古斯…150g
- 番茄酱…100g
- 浓汤（参照P268）…50g
- 盐、胡椒粉…各适量
- 开心果（切成小块）…20g

野苋菜、开心果（切薄片）…各适量

1 对虾去除虾线，用竹扦纵向穿入，放入加盐的开水中焯。取出用冷水冲一下，剥掉虾壳只留下头和尾部的壳。

2 沙司：锅中倒入适量橄榄油，将材料A的食材全部切成薄片后煎炒。加入番茄酱，之后倒入没过材料的水和浓汤、盖上锅盖煮。待材料变软后放入搅拌机搅拌，之后用过滤网过滤。

3 开心果古斯古斯：锅中放入番茄酱和浓汤煮开锅。倒进放入古斯古斯的大碗中、盖上保鲜膜放置到温暖的地方。最后放入盐和胡椒粉调味，加入开心果。

4 将步骤2的沙司平铺到盘子中，放入步骤1的对虾和步骤3的古斯古斯，在古斯古斯和对虾上面分别撒上野苋菜和开心果即可食用。

蒸对虾
茄子奶酪半月形点心　金黄色番茄沙司

搭配用黄色樱桃柿子制成的新鲜沙司。

炸对虾　搭配柠檬醋

炸至半熟的对虾。与采用萝卜泥和葱、辣椒粉制作而成的柠檬醋完美配合。

炸对虾

使用春卷皮制作的特色油炸对虾
是人气店"产贺"（**うぶか**）的人气料理
之一。

炖猪蹄对虾

在西班牙和法国南部料理中
搭配的是牛胸腺，
这里使用猪蹄替代。

蒸对虾
茄子奶酪半月形点心　金黄色番茄沙司
比库罗雷·横滨（ビコローレ·ヨコハマ）佐藤

材料（1人份）
对虾（10cm以下的对虾）…3只

盐…适量

填充物（容易制作的量）

┌ 茄子…2根

│ 盐、胡椒粉、橄榄油…各适量

│ 大蒜（薄片）…8片

│ 干酪…250g

└ 牛至叶…适量

意面坯（和帽子状意面坯相同。参考P67）…适量

樱桃柿子沙司（容易制作的量）

┌ 樱桃柿子（黄色，去蒂后纵向切成两半）…500g

│ 洋葱（薄片）…1/2个

│ 大蒜（薄片）…1/2片

│ 橄榄油、盐…各适量

└ 罗勒…3片

樱桃柿子（黄色，切成弧形）…适量

┌ 盐、胡椒粉、白葡萄酒、

A

└ 　橄榄油…各适量

1　填充物：将茄子纵向切成2半再切成格子状，撒上盐、胡椒粉，淋入橄榄油，在每个茄子上面放上2片大蒜，放入烤箱，调至180℃烤30~40分钟。茄子变软之后将茄子瓤取出备用。

2　将步骤1的茄子瓤和干酪混合，加入牛至叶放入食品加工机进行搅拌。

3　将意面坯擀成面皮，包入步骤2的材料做成半月形的点心。

4　樱桃柿子沙司：将所有材料都放入锅里、盖上锅盖蒸。开锅之后取出罗勒，剩下的放入搅拌机搅拌，之后用滤网过滤。

5　对虾带皮蒸熟后，去掉虾身的壳，只留下头和尾的壳，撒上盐，用蒸锅保温备用。

6　将步骤3的材料放到锅里煮后装盘，淋上适量沙司（步骤4），将弧形樱桃柿子加入A调料、和步骤5的对虾一起盛入盘中即可食用。

清炸对虾　搭配柠檬醋
赞否两论（賛否両論）笠原

材料（2人份）
对虾…4只

绿辣椒…4个

炸食物专用油…适量

盐…少量

┌ **柠檬醋**（容易制作的量）

│ ┌ 萝卜泥…50g

│ │ 小葱（葱末）…10g

│ │ 浓口酱油…50mL

│ │ 米醋…20mL

A │ 柠檬果汁…15mL

│ │ 无酒精成分的酒…20mL

│ │ 砂糖…1小匙

│ └ 辣椒粉…少量

1　将食材A部分的材料充分混合制作柠檬醋。

2　将对虾去除外壳，只留下头部和尾部的壳，去除虾线备用。

3　将步骤2的对虾用扦子串起来，将虾头放入170℃的热油中炸熟。

4　取下步骤3的扦子、重新卷起尾部串起来，将整个虾直接放入油锅中炸10秒左右取出。用竹扦将绿辣椒扎孔，直接放到锅里炸熟。

5　将步骤4的虾和绿辣椒摆盘，撒上盐，淋入步骤1的柠檬醋即可。

炸虾

产贺（うぶか）加藤

材料（1人份）

对虾（活）…1只　　琼胶…1/4片
春卷皮…1片　　　　盐、胡椒粉…各适量
美式沙司（将P39的虾味噌油沉淀下来的虾味噌放入方
　　盘中，冷冻备用）…适量
鸡蛋、面包粉、炸食品专用油…各适量
山椒塔塔酱（参照P268）…15g
虾盐（※）…3g
柠檬（切成弧形）…1/8片

※ 虾盐：对虾用盐水焯一下、剥下的壳铺在方平底盘中、慢
　　慢地用烤炉烤防止烤焦。加入食盐之后放入研磨机中将其
　　磨碎，最后筛出细粉。

1　去掉活虾的头部，取出虾线、剥壳（只留
下尾部的壳）。尾巴的角折下来。切掉尾部的
顶端、捏一下尾部挤出水分（炸的时候会出水
以防止溅油）。虾身涂抹适量盐后揉搓，放到
水龙头下冲洗、使虾肉更加紧实。

2　将步骤1的虾肉用毛巾吸去水分，将菜刀倾
斜从腹部切开、背部朝上，用手指从身体两侧
捏住、一边切筋一边用手将其摊开。

3　将春卷皮切下一个角（尽量减少皮的使用
量），铺开、放上步骤2的虾仁，加入少量盐、
胡椒粉。

4　将冷冻美式沙司（图1）切成约3cm×2cm
的块，用琼胶包上，放在虾头顶部（图2）。
用春卷皮将其卷起，在边缘抹上蛋黄液（分量
外）防止破裂（图3）。

5　将步骤4的虾仁蘸适量蛋液，裹上面包粉，
放入180℃的油锅里炸至上色。

6　将步骤5的虾仁盛到容器中，加入山椒塔塔
酱和虾盐，最后放入柠檬片即可。

※ 在产贺，厨师会提前将切好的虾（步骤2）按照每次使用的
　　分量用保鲜膜包起来，放入平底托盘中进行冷冻。
※ 用琼胶包起来的美式沙司、可以防止在油炸的时候破裂、
　　沙司流出。琼胶遇油就会融化。

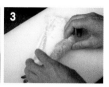

炖猪蹄对虾

海罗亚（Hiroya）福岛

材料（1人份）

对虾…2只
猪蹄…适量

鲜虾汤汁

┌ 对虾头（提前处理好并冷冻保存）…适量
│ 水…适量
└ 日本酒…适量
姬菇…适量
盐、胡椒粉、橄榄油…各适量
生姜（泥）…适量
水芹…少量

1　将猪蹄放入水中煮至变软、去骨。放到冰
箱里冷藏备用。冷却之后切成适口大小。

2　熬制鲜虾汤汁。将解冻的虾头放到水里充
分冲洗之后控干水分。放入锅中，加入没过虾
头的水和日本酒，煮20分钟左右过滤出汤汁。

3　取适量鲜虾汤汁（步骤2）放入锅中，加入
步骤1的猪蹄煮。放入姬菇、盐、胡椒粉、生
姜（选用）调味。

4　对虾去头、取出虾线。去壳、从背部切
开、涂上橄榄油，放入已用大火加热的平底锅
中，撒适量盐后快速炒，取出后放入烤箱烤
1分钟左右。虾头去壳后取出虾黄，用喷烧器烤。

5　将步骤3的材料装盘，放上步骤4的虾仁和
虾黄，最后放上水芹即可食用。

天使虾 ※通用名

蒜蓉天使虾

美味的马德里蒜蓉天使虾，用虾身部分
制作的情况较常见，但这道菜是连带头
部制作而成。

西班牙甜红椒填充料理

是一款常见的巴斯克本土料理。
将虾切成稍微大一点的块状后口感更佳。

鸡肉炖虾仁

加泰罗尼亚地区的基本款料理。
用具有香味的蔬菜和番茄做底料，加入
蘑菇、鲜虾汤汁、配合鸡汁一同食用，
将山里、海里的食材充分结合。

蒜蓉天使虾

阿鲁道阿库（**アルド アック**）酒井

材料（容易制作的量）
天使虾…5只
大蒜（薄片）…1瓣
朝天椒…1根
橄榄油…50mL
盐…适量

起锅，在陶锅中放入橄榄油、大蒜、朝天椒翻
炒。炒出香味后，放入虾仁（去除虾身的壳、
只留下头部和尾部的壳），撒上盐。从虾头中
取出虾黄，用来制作虾味噌油。

西班牙甜红椒填充料理

阿鲁道阿库（**アルド アック**）酒井

材料（15个）
西班牙甜红椒（※）…15个
填充物
┌ 天使虾…10只
│ 鳕鱼（肉）…150g
│ 洋葱（末）…200g
│ 橄榄油…10mL
│ 无盐黄油…30g
│ 低筋面粉…30g
│ 盐…适量
└ 牛奶…350mL

沙司
┌ 天使虾虾头…10只
│ 洋葱（末）…100g
│ 西班牙甜红椒（※末）…5个
│ 水…200mL
│ 番茄沙司（做法参照P217）…30g
│ 彩椒粉…5g
└ 鲜奶油…50mL
┌ 橄榄油…10mL
└ 盐…适量

※西班牙甜红椒：产自西班牙的红甜椒。经过炭烤之后再煮，
最后装入瓶中即为罐头。

1　制作<u>填充物</u>。去掉虾头并剥壳（虾头用来
制作沙司）。起锅放入橄榄油、虾和鳕鱼肉充
分翻炒。加入洋葱和无盐黄油，待炒至洋葱变
色之后放入搅拌机粗略搅拌至呈大粒的糊状
即可。

2　将步骤1的糊状物重新倒入锅中，加入低筋
面粉和盐，将牛奶少量多次放入锅中熬制。倒
出，冷却后，放入冰箱冷藏一个晚上。

3　制作<u>沙司</u>。锅中涂上橄榄油后放入虾头、

待炒出香气后放入洋葱继续翻炒。炒至变软之后加入西班牙红甜椒和水煮15分钟，去除虾头部分，放入搅拌机搅拌之后过滤。

4　在步骤3的混合物中放入番茄沙司、彩椒粉、盐、鲜奶油，一同放入锅中煮开。

5　将步骤2的糊状物塞进西班牙甜红椒中。

6　将步骤5的甜红椒放入预热至200℃的烤箱中加热5分钟左右。取出摆到加入了沙司（步骤4）的陶锅中，再次放入烤箱中加热5分钟。也可根据个人喜好淋上欧芹油（参照P206）。

鸡肉炖虾仁
阿鲁道阿库（**アルドアツク**）酒井

材料（2人份）

天使虾（剥壳、只留下虾头和虾尾的壳）…2只

鸡腿肉（切成5cm见方的块）…200g

橄榄油…10mL

　┌ 大蒜（薄片）…1/2瓣
A　洋葱（薄片）…100g
　└ 杏仁片…15g

　┌ 胡萝卜（薄片）…30g
B
　└ 西芹（薄片）…10g

　┌ 番茄（放入开水中去皮切成大块）…100g
C　月桂叶…1片
　└ 肉桂…1根

干燥牛肝菌…5g（用100mL的水泡发）

白葡萄酒…50mL

巧克力…5g

盐…适量

欧芹…少量

1　锅中涂上橄榄油，放入食材A翻炒。加入食材B继续翻炒。

2　在步骤1的材料中加入食材C，不盖锅盖，中火将番茄煮至呈沙司状即可。

3　在步骤2中放入泡发好的牛肝菌（泡发的水也一同放入），倒入白葡萄酒，盖上锅盖用小火煮30分钟。取出肉桂、月桂叶、剩下的材料用搅拌机搅拌成糊状即可。

4　平底锅中涂上橄榄油（分量外）、放入鸡腿肉和虾将其炒至表面金黄。加入步骤3的糊状物和巧克力、盐煮5分钟左右。

5　装盘，撒上欧芹即可食用。

车虾·黑杂鱼虾〈泥虾、猛者虾〉

虾仁海老芋

将海老芋放入虾汁煮之后作成球状，搭配稍微炸过的虾，
摆在辣椒沙司上，最后放上水芹作为点缀。

烤双沟对虾
番茄西葫芦搭配番茄沙司

烤盘上装着足量的蔬菜。

泥虾帽状意面
甲壳类沙司　南瓜泥意式腌肉脆

用虾头和虾壳制作浓汤沙司。
用意式腌肉的咸味中和南瓜的甜味，
野苋菜的加入更是点睛之笔。

虾仁海老芋

海罗亚（Hiroya） 福岛

材料（1人份）

双沟对虾（车虾）…2只

海老芋…适量

虾仁汤汁…适量

> 锅内涂适量橄榄油，放入将虾头充分翻炒，最后倒入白兰地，待酒精挥发后加水煮熟之后过滤出汤汁备用。

盐、胡椒粉…各适量

面粉、鸡蛋、面包粉（精细）…各适量

炸食品专用油…适量

橄榄油…适量

沙司

辣椒泡菜（※）…各适量

蒜泥蛋黄沙司（※）…适量

大葱沙司（参照P268）…适量

柠檬1个…适量

盐、胡椒粉…适量

水芹…适量

※ 辣椒泡菜：红辣椒去皮，加入盐、白胡椒粉、大蒜，涂上橄榄油，放入80℃的烤箱中使其适度干燥。
※ 蒜泥蛋黄沙司：碗中放入适量蛋黄、蒜泥、水、柠檬汁、番红花、芥末，用打蛋器充分混合，一边分次加入少量橄榄油，一边将其搅拌成蛋黄酱状即可。

1　海老芋去皮后放入虾仁汤汁中煮，弄碎后放入盐、胡椒粉调味。取出揉成适当大小的团，按顺序裹上面粉、蛋液、面包粉后放入锅里炸。

2　虾去头、去除虾线。剥去虾身上的壳，从背部切开。平底锅大火加热，放入少量橄榄油，放入虾，撒适量盐后迅速炒虾的表面至炒出香味，再放入烤箱中烤1分钟左右。头部去壳取出虾黄，加入盐、胡椒粉用喷烧器轻轻地烤。

3　沙司：用搅拌机将辣椒泡菜搅拌均匀，放入少量蒜泥蛋黄沙司※和大葱沙司，最后放入柠檬汁、盐、胡椒粉调味。

4　将步骤3的沙司铺在容器上，再放入步骤1和步骤2的材料，最后放上水芹即可食用。

烤双沟对虾
番茄西葫芦搭配番茄沙司

比库罗雷·横滨（ビコローレ·ヨコハマ） 佐藤

材料（2人份）

双沟对虾…2只

凉番茄沙司

> 水果番茄…2个
> 西葫芦…20g
> 火葱…1/4个
> 刺山柑花蕾（用醋腌制）…5粒
> A 盐、胡椒粉、白葡萄酒醋、
> 　橄榄油…各适量

B 盐、胡椒、迷迭香（末）、
　百里香（末）…各适量

豆苗…少量

1　制作凉番茄沙司。将水果番茄放入开水中浸泡片刻后去皮，切成5mm见方的小块。西葫芦切成2mm见方的小块。将火葱和刺山柑花蕾切成末。将全部材料放入碗中，放入调料A调匀。

2　将带壳的虾从后背切成两半，去除虾线和头部黑色的部分。将调料B涂到虾上面。

3　将步骤2的虾（带壳的一侧朝下）放入烤盘中烤。烤至八分熟时取出装盘，放入步骤1的凉番茄沙司，最后撒上豆苗即可食用。

泥虾帽状意面
甲壳类沙司　南瓜泥意式腌肉脆

比库罗雷·横滨（ビコローレ·ヨコハマ）佐藤

材料

帽状意面坯（容易制作的量）

00粉（※）…400g	盐…2g
鸡蛋（整个）…4个	橄榄油…4mL
蛋黄…3个	

填充物（容易制作的量）

泥虾（黑杂鱼虾，去除虾线、剥壳后取虾仁）…200g
火葱（末）…1个
蛋清…1个

鲜奶油…100g
小茴香、茴香芹…各1根
盐、白胡椒粉、橄榄油…各适量

南瓜泥（容易制作的量）

南瓜（去掉皮和子、切成5mm厚的片）…1/2个
洋葱（切薄片）…1/2个
无盐黄油、橄榄油…各适量
生火腿（边缘部分余料即可）…适量
月桂叶…1片
鲜奶油…适量

意式腌肉…4g（1人份）

盐…适量

无盐黄油…少量

鸡汤（参照P268）…适量

野苋菜…少量

※ 00粉：意大利高精软质面粉。

1　帽状意面坯：将材料（除了00粉）放入搅拌机中搅拌均匀。倒入碗中，加入00粉充分搅拌、制作面坯。之后倒入真空袋中、放入冰箱里放置一晚上备用。

2　制作填充物。①虾上撒盐和白胡椒。锅中放入少量橄榄油将火葱稍微炒一下，冷却备用。小茴香和茴香芹切成末。②将步骤①的虾、火葱放入料理机中搅拌。加入蛋清继续搅拌。一边搅拌一边少量多次放入鲜奶油，最后放入小茴香和茴香芹，制作完成。

3　制作南瓜泥。锅中倒入无盐黄油和橄榄油，放入南瓜和洋葱翻炒。加水（没过材料）之后加入生火腿、月桂叶煮至柔软。取出月桂叶和生火腿，倒入搅拌机中搅拌之后过滤。最后加入少量鲜奶油和无盐黄油提味。

4　意式腌肉切成2mm厚的片，放入预热至180℃的烤箱中烤制酥脆。将步骤1的意面坯放入面条机压出面皮，之后用圆形模具切成圆形。在面皮上放入步骤2的混合物，包成帽子形状。

5　将步骤4的材料放入加盐的热水中煮熟，之后沥出水分，放入少量黄油和汤汁（刚刚煮完材料的汤汁）调制。在盘子上铺上步骤3的南瓜泥，放入步骤4的帽状意面，浇上鸡汤。放上步骤4的意式腌肉，撒上野苋菜即可。

凡纳滨对虾

**白姬虾蛋黄酱
芒果生汁虾卷**

用可以生食的白姬虾制作
的蛋黄虾酱和芒果很相配。

**白姬虾　自制豆腐干
拌韭菜**（韭菜豆干虾）

用自制豆腐干（压制豆腐干）制作简单拌菜。
白姬虾没有腥味、很适合做拌菜。

角长千寻虾〈辣椒虾〉·蓑衣虾〈幽灵虾〉

熏制猪膘辣椒虾
发酵紫甘蓝

南蒂罗尔地区的腌菜搭配熏制火腿、
虾料理。

腌制幽灵虾
紫洋葱调味汁
搭配湘南黄金柑

用湘南黄金柑、紫洋葱制作的调味汁作
为爽口开胃菜。放入新鲜的（生）幽灵虾
（蓑衣虾）味噌更加美味。

白姬虾蛋黄酱
芒果生汁虾卷

麻布长江 香福筵　田村

材料（2人份）

白姬虾（※国产凡纳滨对虾）…8只

芒果…1个

紫苏花穗…适量

沙司

┌ 蛋黄酱…50g

│ 炼乳…8g

│ 无糖炼乳…5g

│ 柠檬汁…2g

└ 西番莲甜香酒…少量

※ 白姬虾是凡纳滨对虾的商品名（参照P12），可以生食。

1　将白姬虾（生）去掉头和外壳。切成3等份。

2　将沙司的材料全部放入碗中混合，放入步骤1的虾调味。

3　芒果去皮、切成大薄片（4片）。把剩下的果肉挖成球状。

4　将保鲜膜切成适当大小，放上刚刚切好的芒果片、再放入步骤2的材料。将每个保鲜膜都卷成筒状。放入冰箱中冷却30分钟左右。

5　将步骤4的筒状卷切成适口大小、装盘。在周围摆上挖好的芒果球和紫苏花穗即可。

白姬虾　自制豆腐干
拌韭菜（韭菜豆干虾）

麻布长江 香福筵　田村

材料（2~3人份）

白姬虾（凡纳滨对虾，参照左图）…8只

豆腐干（家庭自制※切成1.5cm见方的块）…1块

韭菜（切成2cm宽的段）…20g

盐…适量

虾油（※）…1大匙

┌ 盐…1g

A 酱油…1mL

└ 米醋…1mL

※ 豆腐干制法：取一块木棉豆腐用盐水煮5分钟。之后去除水分、用棉布卷起来，之后在上面压上重物，在冰箱里放置1天。

※ 虾油：将虾壳和米糠油（色拉油和大豆油也可以）放入锅中，用小火煮至香甜可口。

1　白姬虾带壳用盐水煮30秒左右。去除虾头、剥壳，切成3等份。

2　锅中放入虾油，放入韭菜翻炒。

3　碗中放入步骤1的白姬虾、豆腐干、步骤2的韭菜，最后放入调料A轻轻搅拌即可。

熏制猪膘辣椒虾
发酵紫甘蓝

比库罗雷·横滨（ビコローレ·ヨコハマ）佐藤

材料（2人份）

辣椒虾（※角长干寻虾）…6只

猪膘（切成1mm厚）…12cm

橄榄油…少量

腌菜（容易制作的量）

┌ 紫甘蓝（切成丝）…1kg

├ 盐…20g

└ 月桂叶…1片

┌ 小茴香子、黑胡椒、橄榄油、

A┤

└ 白葡萄酒醋…各适量

野苋菜…少量

· 熏制用芯片（樱花）

※ 辣椒虾是角长干寻虾在三重县尾鹫市的通用名。

1　腌菜：将紫甘蓝、盐、月桂叶混合均匀，放入真空袋中（防止进入细菌）密封后常温放置2个月备用。

2　辣椒虾去头、去除虾线，带壳搭配樱花芯片一起低温熏制。剥去外壳（只留下尾部的壳），将猪膘切成2cm长的片，之后卷入虾仁（猪膘中含有盐分、虾仁不放盐）。

3　平底锅中涂上少量橄榄油，放入步骤2的材料，轻轻翻炒至半熟状态。

4　将步骤1的材料放入碗中，用调料A拌匀。装盘之后摆上步骤3的材料，撒上野苋菜即可。

腌制幽灵虾
紫洋葱调味汁
搭配湘南黄金柑

比库罗雷·横滨（ビコローレ·ヨコハマ）佐藤

材料（2人份）

幽灵虾（※蓑衣虾）…6只

┌ 盐、胡椒粉、柠檬汁、橄榄油、

A┤

└ 刺山柑花蕾（干燥）（※）…各少量

湘南黄金柑（※剥开、分成3等份）…2份

紫洋葱调味汁（容易制作的量）

┌ 紫洋葱（切成弧形）…1个

├ 白葡萄酒…150mL

├ 水…150mL

├ 红葡萄酒醋…50mL

├ 精制白砂糖…20g

├ 盐、胡椒粉…各适量

└ 月桂叶…1片

＊ 所有的材料放入锅中混合煮20分钟左右之后，取出月桂叶用搅拌机搅拌。

野苋菜、刺山柑花蕾（干燥）…各适量

※ 这里使用的"幽灵虾"是蓑衣虾在三重县尾鹫市的通用名。

※ 刺山柑花蕾（干燥）：将盐渍刺山柑花蕾放入水中浸泡去除盐分，放入70℃的食品干燥机中干燥4个小时，用研磨机制作成粗粉末。

※ 湘南黄金柑：是神奈川县开发的一种柑橘品种。

1　幽灵虾去头、去除虾线（虾头放起来备用）。

2　用调料A将步骤1的虾仁腌制5分钟左右。

3　容器中倒入紫洋葱调味汁后放入步骤2的虾仁和湘南黄金柑，撒上野苋菜。最后放入刺山柑花蕾（干燥），摆上幽灵虾头。

红丹虾〈藻虾〉

马克杯面条

（加入辣椒的鸡蛋面、藻虾配海鲜清汤）

在杯子中的面条加入虾清汤并用虾仁作
为配料。
用手拿着一盘意大利面是不合礼仪的，
但是可以用马克杯盛装。

藻虾、蚕豆、薄荷
罗马乳酪沙司

清淡的食材组合。
用乳酪沙司和薄荷提味。

塔罗克橙搭配细通心粉
藻虾、松子、葡萄干沙司

在塔罗克橙风味细面中添加松子、葡萄干、莳萝
制作成具有撒丁岛、西西里岛风味的菜肴。
将虾仁煮至变软。

马克杯面条

（加入辣椒的鸡蛋面、藻虾配海鲜清汤）

比库罗雷·横滨（ビコローレ·ヨコハマ） 佐藤

材料（1人份）

鸡蛋面（容易制作的量）

- 00粉（※）…220g
- 粗粒小麦粉…110g
- A
  - 番茄粉…50g
  - 鸡蛋（整个）…2个
  - 蛋黄…2个
  - 红辣椒粉…5g
  - 盐…1g
  - 橄榄油…2mL

菜肉馅煎蛋饼（容易制作的量）

- B
  - 鸡蛋（整个）…1个
  - 帕马森干酪（粉）…10g
  - 盐…0.5g
  - 白胡椒粉…0.5g
- 橄榄油…10mL

虾清汤

- 虾壳（各种虾）…适量
- C 胡萝卜、西芹、洋葱、大蒜…各适量
- 蛋清…适量
- 番茄（带皮搅拌之后备用）…适量
- 白胡椒粉、红辣椒粉、月桂叶…各适量
- 盐…适量
- 藻虾（红丹虾※）…15g×2只
- 番茄干（※）…少量
- 青葱（切成薄圈）…少量

※ 00粉：意大利高精软质面粉。

※ 红丹虾是对虾科的一种虾，体长13cm左右。盛产于骏河湾、熊野滩、鹿儿岛县等。在三重县尾鹫市被称为"藻虾"。

※ 番茄干：小番茄对半切开，撒上盐、白砂糖，放入预热至90℃的烤箱中烘干。

1　鸡蛋面：①将食材A的材料混合放入搅拌机充分搅拌，倒入碗中，加入00粉和粗粒小麦粉搅匀后制作面坯。放入真空袋中，用冰箱冷藏一晚备用。②用面条机压出面皮，之后压成细面条、烘干。

2　菜肉馅煎蛋饼：平底锅中放入橄榄油，将食材B混合均匀后放入锅中煎。之后切成1cm见方的块。

3　虾清汤：用嫩肉器拍打虾壳，连同食材C（全部切成1cm见方的块）和蛋清一起放入料理机中搅拌均匀，倒入锅中，加入番茄（用搅拌机搅拌过的）和加水（没过材料）煮沸。放入白胡椒粉、红辣椒粉、月桂叶、调至小火继续煮。过滤出汤汁，放入盐调味。

4　锅中放入适量细面（步骤1）煮熟、放入杯中。

5　将步骤3的清汤放入锅中（1人份用）煮沸，放入去壳的藻虾和步骤2的菜肉馅煎蛋饼。虾仁煮熟之后倒入步骤4的杯中，最后放入番茄干和青葱即可。

藻虾、蚕豆、薄荷
罗马乳酪沙司

比库罗雷·横滨（ビコローレ·ヨコハマ） 佐藤

材料（2人份）

藻虾（红丹虾）…12只

蚕豆…14个

盐、胡椒粉、柠檬汁、橄榄油…各适量

鲜奶油…50g

罗马乳酪（泥）…20g

薄荷（叶）…适量

1　藻虾去除虾线、放入加盐的开水中煮，取出后放入冰水中。吸除水分、剥壳，放入盐、胡椒粉、柠檬汁、橄榄油搅拌均匀。

2　用盐水将蚕豆煮熟，剥去薄皮，放入盐、胡椒粉、橄榄油调味。

3　将鲜奶油和罗马乳酪放入锅中使其化开后过滤。

4　盘子中放入步骤1的藻虾和步骤2的蚕豆，摆上薄荷叶，淋上步骤3的沙司即可食用。

塔罗克橙搭配细通心粉
藻虾、松子、葡萄干沙司

比库罗雷·横滨（ビコローレ・ヨコハマ）佐藤

材料（1人份）

细通心粉（容易制作的量，约15人份）

※1人份需要60g。

┌ 面粉（意面粉）…550g
│ ┌ 橙子（磨碎的皮和果汁）…3个
│ A 柠檬（磨碎的皮和果汁）…1个
│ └ *合计…170g
│ ┌ 蛋黄…2个
│ B 鸡蛋（整个）…1个
│ └ *合计…90g
│ 橙油…4g
└ 盐…2g

大蒜（末）…1/5小匙

红辣椒（粗末）…一小撮

橄榄油…适量

藻虾（红丹虾，参照P74，去壳）…20g

盐…适量

松子（烤箱180℃烤制）…4g

葡萄干（用水泡发）…6g

莳萝（碎叶）…少量

塔罗克橙（※将果肉切成两半）…18g

橙油…适量

※塔罗克橙：血橙的一种。

1　细通心粉：①将食材A、食材B、橙油、盐混合放入搅拌机中搅拌。②将步骤①的混合物放入碗中，加入面粉揉匀制成面坯。放入真空袋中，用冰箱冷却一晚上。③放入面条机中压成面皮、切成细面条。

2　将60g细通心粉（步骤1）放入盐水中煮熟。

3　平底锅中放入橄榄油、大蒜、红辣椒炒出香味。待大蒜变色后放入藻虾，加入盐调味。

4　在步骤3上放入煮好的细通心粉（步骤2），加入松子、葡萄干混合乳化。

5　将步骤4的材料装盘，撒上莳萝、塔罗克橙，最后淋上橙油即可。

北国红虾〈甜虾〉· 牡丹虾 · 寺尾牡丹虾 · 绯衣虾〈葡萄虾〉

日式甜虾塔塔酱

用切成大块的虾搭配香味蔬菜和盐渍海带做成塔塔酱。用海苔包上即可享用。

甜虾、塔罗克橙、茴香沙拉

塔罗克橙和茴香搭配而成的西西里风味菜肴。每只虾仁都用虾头（含虾味噌）做装饰。

甜虾薯蓣海带玉米热狗

甜虾仁（切成大块）裹上白芝麻和薯蓣海带
油炸。可以作为点心或者下酒菜食用。

拌甜虾（活）

甜虾仁搭配虾味噌和虾籽。
可以将虾的美味发挥到极致。

牡丹虾和阿尔巴尼亚白松露

可以根据顾客要求进行自由组合。
白松露尽显奢华。

日式甜虾塔塔酱

赞否两论（賛否両論） 笠原

材料（4人份）

甜虾…15只

A ┌ 茗荷…1个
  │ 青紫苏叶…3片
  │ 小葱…2根
  └ 腌海带…5g

B ┌ 香油…1大匙
  │ 蛋黄…1个
  └ 淡口酱油…1小匙

烤海苔…1片

酸橘（对半切开）…1个

芥末（泥）…少量

1　将食材A全部切碎。

2　甜虾去壳后切成大块。

3　将步骤1和步骤2的材料混合，用调料B调制均匀。

4　将步骤3的材料装盘、撒入烤海苔（切成适当大小），放入酸橘、芥末泥即可。

甜虾、塔罗克橙、茴香沙拉

比库罗雷·横滨（ビコローレ・ヨコハマ） 佐藤

材料（2人份）

甜虾…6只

茴香（切薄）…1/6个

塔罗克橙（果肉）…1/2个

盐、胡椒粉…各适量

柠檬汁、塔罗克橙汁…各适量

沙司

┌ A ┌ 塔罗克橙汁…150mL
│   │ 柠檬汁…1/2个
│   │ 白砂糖…8g
│   └ 水…50mL
└ 琼脂…少量

莳萝…少量

1　甜虾去壳（保留下头部和尾部的壳），去除虾线，加盐、胡椒粉调味，用柠檬汁和塔罗克橙汁腌泡。

2　沙司：起锅，将调料A放入锅中加热，加入琼脂之后冷却备用。

3　将步骤1的甜虾、茴香、塔罗克橙盛到盘中，淋上步骤2的沙司。摆上莳萝作为点缀。

甜虾薯蓣海带玉米热狗

赞否两论（賛否両論） 笠原

材料（2人份）

甜虾…15只

白芝麻…适量

薯蓣海带…10g

低筋面粉…适量

A ┌ 煎饼粉…100g
　└ 牛奶…90mL

油炸食品专用油…适量

B ┌ 番茄酱…3大匙
　└ 芥末（泥）…1小匙

1　甜虾去壳后切成大块。

2　在步骤1的虾上撒上白芝麻后抓拌均匀，用薯蓣海带卷成一口大小。穿上竹扦，涂上低筋面粉。

3　将食材A混合均匀，制成外皮。

4　用步骤3的外皮将步骤2的食材包裹，放入加热至170℃的油炸食品专用油中炸至金黄。

5　装盘，加入食材B混合均匀。

拌甜虾（活）

产贺（うぶか） 加藤

材料（1人份）

甜虾（活）…1只（25g）

盐…适量

1　甜虾去头、取出虾黄备用。剥壳后取出虾仁和虾籽。从背部切开去除虾线，撒上盐快速揉匀使其入味，用水洗净后去除多余水分备用。

2　将步骤1的虾仁切成适口大小，加入步骤1的虾籽和虾黄拌匀，装入容器中。放入虾头和虾尾的壳作为点缀。

＊甜虾经过步骤1的预处理后冷藏1～2天味道更佳。

牡丹虾和阿尔巴尼亚白松露

产贺（うぶか） 加藤

材料（1人份）

牡丹虾…1只（30g）

白松露（阿尔巴尼亚产）…适量

盐…适量

1　牡丹虾去头（不去除虾黄），剥壳取出虾仁和虾籽。从背部切开去除虾线，撒上盐快速揉匀使其入味。冲洗干净后去除多余水分备用。

2　将步骤1的虾仁切成适口大小、盛到调羹上，放入牡丹虾籽，撒上削好的白松露。摆上牡丹虾头，再装饰上虾尾即可。

＊牡丹虾经过步骤1的预处理后冷藏1～2天味道更佳。

南乳·番茄沙司腌牡丹虾

（南乳牡丹虾）

南乳上加入番茄和芝麻酱等制作成沙司
后将牡丹虾（生）浸泡其中。

牡丹虾塔塔酱和油炸虾味米粉脆
乳酪、葡萄酒醋

在酥脆的虾味米粉脆上放入牡丹虾塔塔酱和乳酪。

牡丹虾搭配扁豆海胆

牡丹虾稍微炒一下后加入味道浓郁的
扁豆和海胆。
火候大小会影响虾仁的味道。

牡丹虾和葡萄　土佐醋冻

盐渍牡丹虾的咸味搭配麝香葡萄的甘甜。
搭配香脆的食用菊是提升口感的关键。

南乳·番茄沙司腌牡丹虾

（南乳牡丹虾）

麻布长江 香福筵 田村

材料（4只）

牡丹虾…4只

沙司

- 番茄（热水烫后去皮）…1个
- 南乳（※）…2大匙
- 芝麻酱…1/2大匙
- 酱油…1/2大匙
- 荔枝酒…2大匙
- 三温糖…1/2大匙

※ 南乳：红色的腐乳（发酵豆腐）。

1 牡丹虾剥壳后只留下头部和尾部的壳。虾籽取出后备用。

2 将制作沙司的材料全部放入搅拌机中，搅拌成糊状。

3 将步骤1的牡丹虾放入步骤2的沙司中腌制3个小时左右，使其充分入味。

4 装盘，再放上取出的虾籽即可食用。

牡丹虾塔塔酱和油炸虾味米粉脆乳酪、葡萄酒醋

比库罗雷·横滨（ビコローレ·ヨコハマ） 佐藤

材料（1人份）

牡丹虾…1只

- A
  - 盐、胡椒粉、火葱（末）、
  - 柠檬汁、橄榄油…各适量
- B
  - 乳酪…适量
  - 鲜奶油…少量
  - 欧芹（末）…少量
  - 大蒜（末）…少量

虾味米粉脆（参照P83）…1片

虾壳粉（将虾壳烘干后用研磨机磨成粉末状）…少量

粉红椒（轻轻压碎）…少量

盐…适量

面粉…适量

炸食品专用油…适量

葡萄酒醋…少量

1 牡丹虾去头（虾头备用）后剥壳。去除虾线，用菜刀粗略敲打虾仁之后用调料A拌匀。

2 将食材B部分充分混合。

3 将虾味米粉脆放入加热至180℃的油中炸。将牡丹虾头裹上面粉，放入烧至180℃的油中炸。最后撒上盐。

4 装盘，在虾味米粉脆上放上步骤1的塔塔酱和步骤2的调料。在步骤2的调料上面放上牡丹虾头（壳和虾足）。塔塔酱上面撒上虾壳粉和粉红椒。在盘子上淋上葡萄酒醋即可。

虾味米粉脆（容易制作的量）

水…300mL

米粉…50g

虾壳（※）…50g

※ 虾壳：在制作浓汤（参照P268）时，最后过滤出来的残留的壳等。

将全部食材混合后放入搅拌机搅拌。摊薄制作成适当大小，放在预热至90℃的烤箱中烘干（使用时用加热至180℃的油炸）。

牡丹虾搭配扁豆海胆

海罗亚（Hiroya） 福岛

材料（1人份）

牡丹虾…2只

豆苗…适量

扁豆（毛豆）…适量

生姜（末）…适量

粉红海胆…适量

蛤仔汤（参照右面所记）…适量

盐、橄榄油…各适量

欧芹沙司（烤蒜、花生、欧芹、橄榄油混合放入搅拌机搅拌之后过滤）…适量

1　将豆苗稍微焯一下去除多余水分，放入蛤仔汤中浸泡备用。

2　将扁豆焯熟，剥去外壳和薄皮后轻轻压碎（留一部分装饰用）。加入生姜混合均匀，放入盐和橄榄油调味。

3　牡丹虾去头。剥壳后用竹扦穿起，起锅放入橄榄油，加入虾大火炒，加盐后快速炒至表面变色，之后放入烤箱中烤1分钟左右。

4　剥开牡丹虾的头部，取出虾黄，用喷烧器烤之后加入步骤1的豆苗。

5　将粉红海胆用喷烧器稍微烤一下即可。

6　盘子上涂上欧芹沙司，放入步骤4的材料和步骤2的扁豆、步骤3的虾仁、步骤5的海胆，最后放入装饰用扁豆即可。

蛤仔汤（容易制作的量）

将500g蛤仔、200g日本酒、2L水放入锅中煮20分钟左右，之后过滤出汤汁。

* 用途最广泛的汤料。可作为各种酱汁和汤汁的底料。鱼和贝类汤料的味道很快就会变淡、不使用的时候需要马上冷冻。

牡丹虾和葡萄　土佐醋冻

产贺（うぶか） 加藤

材料（1人份）

牡丹虾…2只（1只30g）

葡萄（无籽麝香葡萄）…12粒

土佐醋冻（※）…20mL

食用菊（水煮）…适量

盐…适量

※ 土佐醋冻（容易制作的量）：将300mL汤汁（罗臼海带和鲣鱼熬制而成）、100mL米醋、50mL淡口酱油混合加热，再加入5g琼脂粉使其溶化，之后放到冰箱里冷藏凝固。

1　牡丹虾去头、剥壳取出虾仁。从后背切开去除虾线，用盐快速揉匀后用水冲洗并去除多余水分。

2　将无籽麝香葡萄用开水去皮。

3　将土佐醋冻和步骤2的葡萄混合后放入容器中，放到虾仁（切成适口大小）上，撒上食用菊即可。

* 牡丹虾经过步骤1的预处理后放到冰箱里冷藏1~2天味道更佳。

牡丹虾球
圣护院芜菁高汤　柚子

牡丹虾球稍微烘烤一下就会香气四溢。

牡丹虾菜花汤

将牡丹虾（生）放入热菜花汤中。
食用的时候放入汤中煮熟即可。

3种豆类搭配寺尾牡丹虾

用青豆的清新口感烘托虾的香甜。

寺尾牡丹虾刺身（活）

用于制作寺尾牡丹虾（盛产于相模湾）。

鲜葡萄虾片

做成香甜的葡萄虾片是最能体现鲜味的
做法。

牡丹虾球
圣护院芜菁高汤　柚子
产贺（うぶか）加藤

材料（1人份）

牡丹虾…2只（1只30g）

白身鱼糜…15g

海带汤（※）…20mL

汤底（※）…100g

圣护院芜菁（末）…10g

圣护院芜菁（切成1cm见方的块，用汤底稍微煮一
下）…20g

吉野葛粉（※）…适量

盐…适量

圣护院芜菁的叶（盐水煮）…少量

黄柚子皮（切成细丝）…少量

※ 海带汤：将30g罗臼海带放到1L水中浸泡1天。
※ 汤底：在汤汁（罗臼海带和鲣鱼熬制而成）里加入少量酒
和淡口酱油、盐调味。
※ 吉野葛粉：日本奈良县吉野山特产的葛根粉。

1　牡丹虾去头后取出虾黄备用。剥壳取出虾
仁。从后背切开去除虾线，用盐快速揉匀后用
水冲洗并去除水分。

2　用菜刀敲打虾仁（步骤1），加入步骤1的味
噌和鱼糜，之后加入海带汤将其稀释，最后加
盐调味。

3　将步骤2的材料揉匀做成球状后放入盐水中
煮。之后放入烤炉中直至烤出香味。

4　将汤底加热，加入圣护院芜菁末和圣护院
芜菁块，用吉野葛粉水勾芡。

5　碗中放入步骤3的材料，倒入步骤4的汤
汁，摆上芜菁叶和柚子皮。

＊牡丹虾经过步骤1的预处理之后放入冰箱中放置1~2天，味
道更佳。

牡丹虾菜花汤
产贺（うぶか）加藤

材料（1人份）

牡丹虾…1只（30g）

盐…适量

菜花汤（容易制作的量。4人份）

汤汁（罗臼海带和鲣鱼熬制而成）…200mL
菜花（花蕾部分）…120g
盐、淡口酱油…各少量

虾味噌油（参照P39）…少量

1　牡丹虾去头、剥壳后取出虾仁和虾籽。从
后背切开去除虾线、用盐快速揉匀后用水冲洗
并去除水分。

2　菜花汤：锅中放入汤汁和菜花煮。待菜花
变软之后熄火，用手持搅拌机将其搅拌成光滑
的糊状。过滤之后倒回锅中，开火，倒入盐、
淡口酱油调味。

3　将步骤2的汤盛到容器中，放入步骤1的虾
仁（切成适口大小），摆上牡丹虾籽，最后滴
入几滴虾味噌油即可。

＊牡丹虾经过步骤1的预处理后放在冰箱里冷藏1~2天，口味
更佳。

3种豆类搭配寺尾牡丹虾
产贺（うぶか） 加藤

材料（1人份）

寺尾牡丹虾…1只（30g）

豆类（豌豆、蚕豆、毛豆等）…计30g

海带冻（※）…10mL

盐…适量

※ 海带冻：加热海带汤（※）后用盐调味，加入琼脂使其溶化后放入冰箱里冷却凝固。

※ 海带汤：30g罗臼海带放入1L水中浸泡1天。

1　寺尾牡丹虾去头、剥壳取出虾仁。从背部切开后去除虾线，用盐快速揉匀后用水冲洗并去除水分。

2　将豆类分别放入盐水中煮之后去除蚕豆和毛豆的薄皮。最后放入海带冻拌匀。

3　将步骤2的材料和步骤1的虾仁（切成适口大小）放入盘中，放入虾头和虾壳作为装饰。

* 寺尾牡丹虾经过步骤1的预处理后放在冰箱里冷藏1~2天，口味更佳。

寺尾牡丹虾刺身（活）
产贺（うぶか） 加藤

材料（1人份）

寺尾牡丹虾（活）…1只（30g）

日本酒…少量

1　寺尾牡丹虾去头、去除虾线，剥壳后取出虾仁和虾籽。

2　用菜刀将虾仁从腹部切开（有卵巢的情况下将其去除）。放入冰水（加少许日本酒）中快速清洗后取出，用毛巾吸除多余水分。

3　将步骤2的虾仁切成适口大小，之后盛到放有冰的容器中，加入步骤1的虾籽，摆上虾头和虾壳作为点缀。

* 寺尾牡丹虾经过步骤2的预处理后放在冰箱里冷藏1~2天口味更佳。

鲜葡萄虾片
产贺（うぶか） 加藤

材料（1人份）

葡萄虾（绯衣虾）…1只

日本酒…少量

1　葡萄虾去头及虾线，剥壳后取出虾仁和虾籽。

2　用菜刀将虾仁从腹部切开（有卵巢的情况下将其去除）。之后放入冰水（加少许日本酒）中快速清洗后取出，用毛巾吸除多余水分。

3　将步骤2的虾仁盛到容器中，放入步骤1的虾籽，摆上虾头和虾壳作为点缀。

* 葡萄虾经过步骤2的预处理后放在冰箱里冷藏1~2天口味更佳。

诸棘红虾〈缟虾〉

缟虾冬瓜翡翠煮

口味清爽的冬瓜搭配黏黏的缟虾。

白拌缟虾柿子

柿子和腐竹的温和口感和缟虾的
香甜相得益彰。

缟虾鱼翅冻　猛者虾河豚皮冻

2种冻、2种虾的组合。

缟虾冬瓜翡翠煮

产贺（うぶか）加藤

材料（1人份）

缟虾（活诸棘红虾）…2只（1只约重30g）

盐…适量

冬瓜翡翠煮（容易制作的量）

- 冬瓜…1个
- 汤汁（罗臼海带和鲣鱼熬制而成）…2500mL
- 淡口酱油…200mL
- 味醂…100mL
- 盐…适量
- ＊小苏打

嫩姜（末）…少量

※ 使用带籽的雄性缟虾。缟虾的籽没有腥味，味道很好。

1 缟虾去头、剥壳取出虾仁和虾籽。从背部切开去除虾线、用盐快速揉匀后用水冲洗并去除水分。

2 冬瓜翡翠煮：将1个冬瓜切成32等份（约5cm见方的丁块）、剥去外皮只留下少量绿色的部分，切碎后放入小苏打和盐腌制约10分钟后备用。

3 将步骤2的冬瓜放入盐水中煮，煮开之后放入冰水中冷却。

4 汤汁中放入淡口酱油、盐、味醂调味之后放入步骤3的冬瓜快速煮开，慢慢凉凉使其更加入味。冷却备用。

5 将步骤4的冬瓜盛到容器上，装饰上步骤1的虾仁和虾籽，放上嫩姜末，倒入步骤4的汤汁。

※ 缟虾经过步骤1的预处理后放在冰箱里冷藏1～2天口味更佳（P91中使用的缟虾也用相同的方式预处理）。

白拌缟虾柿子

产贺（うぶか） 加藤

材料（1人份）

缟虾（诸棘红虾）…2只

柿子…1/4个

腐竹（切成1cm见方的块）…5g

夏威夷果（切成大块）…少量

白拌材料（容易制作的量）

  ┌ 过滤绢豆腐（沥干）…100g

  │ 白芝麻（磨碎）…10g

  └ 淡口酱油…5mL

盐…适量

鸭儿芹茎（横切）…少量

1　缟虾去头、剥壳取出虾仁和虾籽。从背部切开去除虾线，用盐快速揉匀、之后用水冲洗干净并去除水分。

2　柿子去皮，切成1cm见方的块，用盐水浸泡、沥干水分。

3　制作白拌材料。将沥过水的豆腐过滤后去渣，加入芝麻碎混合后用淡口酱油调味。

4　将步骤3的材料取出1人份（10g），加入步骤2的柿子、腐竹、夏威夷果混合均匀。

5　将步骤4的材料盛到容器中，摆上步骤1的缟虾虾仁（切成适口大小）之后再摆上缟虾虾籽，最后放上鸭儿芹即可。

缟虾鱼翅冻　猛者虾河豚皮冻

产贺（うぶか） 加藤

材料（10人份）

缟虾鱼翅冻

  ┌ 缟虾（诸棘红虾）…20只

  │ 盐…适量

  │ 汤汁（罗臼海带和鲣鱼熬制而成）…适量

  └ 鱼翅（经过预处理的）…75g

猛者虾河豚皮冻

  ┌ 猛者虾（黑杂鱼虾）…20只

  │ 盐…适量

  │ 汤汁（罗臼海带和鲣鱼熬制而成）…适量

  └ 河豚皮（经过预处理并切碎）…75g

1　缟虾鱼翅冻：缟虾去头、剥壳后取出虾仁和虾籽。从背部切开去除虾线、用盐快速揉匀之后用水冲洗并去除水分。

2　制作缟虾汤。将步骤1的虾头和外壳铺在方盘上，放入烤箱用中火烤制，注意不要烤焦。

3　烤出香味后移到锅中，加入汤汁（没过材料），小火煮至入味之后过滤。

4　在150mL的汤汁（步骤3）中加入鱼翅之后倒入模具中，放入冰箱冷却凝固。

5　将步骤4的材料切成一口大小，放到调羹上，放入缟虾虾仁（切成适口大小），最后放上缟虾虾籽。

6　猛者虾河豚皮冻：制作步骤同1～3，将猛者虾剥壳后制成汤汁。

7　河豚皮放入步骤6的汤汁（150mL）中，放入冰箱的水槽箱中冷却凝固。

8　将步骤7的材料切成一口大小后放到调羹上后再放上猛者虾仁（切成适口大小），最后放上猛者虾籽。

团扇虾・蝉虾

团扇虾松茸

上市季节比较短的团扇虾和美味的松茸
组合。
加入马铃薯片增加口感。

蝉虾、番茄、牛油果鸡尾酒
血玛丽

将蝉虾和各种味道（牛油果沙司、鸡尾酒
沙司、新鲜番茄酱）搭配而成。

团扇虾松茸

海罗亚（Hiroya） 福岛

材料（1人份）

团扇虾…1只

松茸…1个

紫薯…适量

红马铃薯…适量

大蒜、橄榄油、无盐黄油、盐、胡椒粉、白兰地、鲜奶油…各适量

法式汤汁（做法参照本页）…适量

油炸食品专用油…适量

水芹…少量

1　团扇虾去头、剥壳取出虾仁（虾头用来制作沙司）。

2　松茸洗净后放入沸水中焯，去除水分后切成适口大小。

3　平底锅中放入橄榄油和大蒜爆香，炒出香味后放入步骤2的食材小火翻炒。加入无盐黄油炒至金黄，最后放盐。

4　制作沙司。起锅放入橄榄油，加入团扇虾头炒至金黄。加入白兰地用适量水煮开。过滤后重新倒回锅中，熬干之后加入法式汤汁和鲜奶油，最后放入盐、胡椒粉调味。

5　起锅倒入橄榄油，大火加热后放入步骤1的虾仁，加盐迅速炒至表面金黄之后放入烤箱中烤1分钟左右。

6　紫薯和红马铃薯去皮后纵向切成薄片，放入水中去除淀粉之后沥干水分油炸至酥脆。

7　步骤4的沙司放入容器中，摆上步骤5的团扇虾仁（切成适口大小），放入步骤3的松茸和步骤6的薯片，最后撒上水芹作为装饰。

法式汤汁

将鸡骨头和洋葱、大蒜混合放到烤盘中，放入预热至200℃的烤箱中烤制变色。取出后放入锅中，加水（没过材料）煮6个小时左右。过滤，再将汤汁倒回锅中，开火煮至浓稠。

蝉虾、番茄、牛油果鸡尾酒血玛丽

比库罗雷·横滨（ビコローレ·ヨコハマ） 佐藤

材料（4人份）

蝉虾…1只

盐、胡椒粉、柠檬汁、橄榄油…各适量

牛油果沙司（容易制作的量）

┌ 蛋黄酱（自制）…200g

│ 牛油果（果肉）…1/2个

└ 鲜奶油…1大匙

鸡尾酒沙司（容易制作的量）

┌ 蛋黄酱（自制）…200g

│ 番茄酱…1大匙

│ 伍斯特沙司…少量

└ 塔巴斯科（辣椒酱）…少量

新鲜番茄酱（※）…4大匙

蔬菜新芽…少量

※ 新鲜番茄酱：番茄用热水浸泡片刻后去皮，加入盐、白砂糖、西芹、少量大蒜、橄榄油、杜松子酒混合之后用搅拌机搅拌。

1　牛油果沙司：将牛油果和鲜奶油放入蛋黄酱中混合之后用搅拌机搅拌。

2　鸡尾酒沙司：蛋黄酱中加入番茄酱、伍斯特沙司、塔巴斯科混合均匀。

3　蝉虾放入盐水中煮之后剥壳取出虾仁，切成2cm宽的段。再加入少量盐、胡椒粉、柠檬汁、橄榄油搅拌均匀。

4　在每个杯子中放入2大匙牛油果沙司（步骤1），之后倒入1大匙新鲜番茄酱。放入1/4蝉虾（步骤3），最后淋上1小匙鸡尾酒沙司（步骤2），撒上蔬菜新芽作为装饰。

藜虾・大腰折虾〈蜘蛛虾〉

藜虾鸡肝　辣椒酱

虽然是很有趣的组合，
但鸡肝和虾很相配。

恶魔风手长虾　意式辣椒番茄酱

用手长虾（藜虾）和一片鸡肝制作而成。
辣味恶魔风式料理。

蜘蛛虾、芝虾、
意式野菜天妇罗

连同外壳都可以食用的虾类天妇罗。
野菜给这道料理添加了时令感。

藜虾鸡肝　辣椒酱

海罗亚（Hiroya）福岛

材料（1人份）

藜虾…1只

鸡肝…适量

大蒜（捣碎）…1瓣

蛤仔汤（参照P83）…少量

A
├─ 绿芦笋…1根
├─ 豌豆…1~2个
├─ 玉竹…1根
└─ 甘草…1~2个

辣椒酱

├─ 辣椒（红）…适量
├─ 芥末…适量
├─ 蛋黄酱…适量
├─ 大葱沙司（参照P268）…适量
└─ 橄榄油、盐、胡椒粉、柠檬汁…各少量

盐、胡椒粉、橄榄油…各少量

1　辣椒酱：辣椒涂少许橄榄油后放入烤箱烤。去皮和籽，放入搅拌机中搅成糊状。放入芥末、蛋黄酱、大葱沙司之后放入盐、胡椒粉、柠檬汁调味。

2　藜虾去头。剥壳后只留下尾部的壳、撒上盐。平底锅大火烧热后倒入橄榄油，快速炒至表面变色。放入烤箱烤至金黄。头部去外壳取出虾黄用喷烧器稍微烤一下。

3　鸡肝上涂少许盐、胡椒粉、橄榄油，平底锅大火烧热后将鸡肝快速炒至上色。轻轻切碎后包入保鲜膜中，放入预热至58℃的对流烤箱中烤。

4　平底锅中放入少量橄榄油，加入捣碎的大蒜爆出香味后放入绿芦笋（纵向切成2半），加少许盐，加入食材A后再次加盐，最后加入少量蛤仔汤，盖上锅盖蒸熟。盘子上倒入步骤1的辣椒酱、步骤2的藜虾仁和虾味噌、步骤3的鸡肝。放入步骤4的蔬菜，摆上虾头壳即可。

恶魔风手长虾
意式辣椒番茄酱

比库罗雷·横滨（ビコローレ・ヨコハマ）佐藤

材料（2人份）

手长虾（藜虾）…2只

蛋清…1个

A
├─ 面包屑…100g
├─ 帕马森干酪（碎片）…100g
├─ 欧芹（末）…1小匙
├─ 大蒜（末）…1小匙
└─ 橄榄油…100mL

橄榄油…适量

沙司

├─ 水果番茄（开水去皮、切成方块）…5个
│ B
│ ├─ 橄榄油…100mL
│ ├─ 红辣椒粉…1小匙
│ ├─ 凤尾鱼柳…2条
│ └─ 大蒜（末）…1粒
└─ 盐…适量

番茄粉（超市通用）…适量

1　手长虾（带壳）从背部切成两半（头部切成两半、腹部不切），去除虾线和砂囊。

2　用打蛋器打发蛋清之后用刷子将蛋清液薄薄地涂虾仁（步骤1）两侧。

3　将材料A混合均匀后放在步骤2食材上。

4　在不粘平底锅中加入橄榄油后放入步骤3的虾仁（粘面包屑的一侧朝下）炸。炸至上色后翻转放在烤盘上，然后放入预热至180℃的烤箱中烤5分钟即可。

5　沙司：锅中放入食材B小火炒，待凤尾鱼柳和大蒜炒出香味后，加入水果番茄，撒上盐，小火收干汁水。放入搅拌机中搅拌至糊状。

6　将步骤4的虾仁上面撒上番茄粉装盘，倒入步骤5的沙司即可。

蜘蛛虾、芝虾、意式野菜天妇罗

比库罗雷·横滨（ビコローレ·ヨコハマ）佐藤

材料（2人份）

蜘蛛虾（大腰折虾）…2只

芝虾（姬甘虾※）…4只

野菜（草苏铁、楤木芽、蜂斗叶、三叶芹）…各适量

面粉…适量

油炸食品专用油…适量

盐…适量

柠檬（切成弧形）…适量

1　蜘蛛虾去掉头部的壳、去除虾线。芝虾不
去壳、去除虾线。

2　在步骤1的虾和野菜上涂上面粉。放入
180℃的油中炸。撒盐后装盘，摆上柠檬。

※ 姬甘虾（图片1）是类似于甜虾的有甜味的帝王虾科类虾。
　产于鹿儿岛等地。在鹿儿岛县、三重县尾鹫市等被称为"芝
　虾"（斑节对虾科的芝虾是别的种类）。

伊势龙虾

阿尔盖罗风伊势龙虾

来自于撒丁岛阿尔盖罗的特色伊势龙虾料理。
满满的伊势龙虾味噌味道搭配香甜的沙拉。

伊势龙虾和法国百合泡菜
添加法国百合酱

一边蘸法国百合酱一边品尝浸泡过的
伊势龙虾和法国百合。

阿尔盖罗风伊势龙虾

比库罗雷·横滨（ビコローレ·ヨコハマ）佐藤

材料（2人份）

伊势龙虾…1只

盐…适量

A┌ 盐、胡椒粉…各适量
 │ 柠檬（挤汁）…1/2个
 └ 橄榄油…100mL

B┌ 番茄（纵向切成4等份）…1/2个
 │ 紫洋葱（切成薄片、放在水里）…1/2个
 │ 柠檬（半月形）…2片
 └ 芝麻菜…20g

1 锅中放入适量的水，煮开后放入1%的盐，再放入伊势龙虾，煮开后熄火，放置10分钟备用。

2 从步骤1中取出伊势龙虾，去头后取出虾黄备用。躯干带壳纵向切成两半。

3 制作虾的调料。将步骤2的虾味噌放入碗中，加入调料A后用打蛋器搅匀。

4 将步骤2的伊势龙虾从壳中取出，切成一口大小，连同食材B一起放入步骤3的调料中搅拌后装盘。最后放上虾头作为装饰。

伊势龙虾和法国百合泡菜
添加法国百合酱

比库罗雷·横滨（ビコローレ·ヨコハマ）佐藤

材料（2人份）

伊势龙虾…1只

法国百合…1个

芝麻油（※）…600mL

橄榄油…200mL

A┌ 百里香…3根
 │ 红辣椒…1个
 │ 月桂叶…1片
 └ 盐…适量

法国百合酱（※）…适量

※ 芝麻油：金田油店的特制混合油。由绵籽油、米糠油、芝麻油、橄榄油4种油混合而成。

※ 法国百合酱：将洋葱、大蒜、洗过的法国百合全部切成薄片，放入锅中用橄榄油炒后加入没过材料的水煮开。放入搅拌机中搅拌之后过滤。

1 伊势龙虾带壳切成大块。

2 清洗法国百合，切成8等份。

3 将步骤1和步骤2的材料放入锅中，倒入适量芝麻油和橄榄油。加入调料A，小火煮40分钟左右关火，放置一晚上使其充分入味。

4 加热步骤3的混合物，倒入容器中。加入法国百合酱即可。

伊势龙虾汤

用伊势龙虾壳和洋葱熬汤。将龙虾稍微
炒一下，淋在汤上即可。

黄油蛋黄烤伊势龙虾

一边在伊势龙虾身上涂黄油蛋黄一边烤，
直至将龙虾烤软。

龙虾

龙虾蚕豆番红花沙司

龙虾身体不同的部位烹饪的时间是不同的，要调整好烹饪火候。番红花沙司用蛤仔汤作为底汤，又加入大米来增加浓稠度，这样制作整体浑然天成。

芸豆炖龙虾

阿斯图里亚斯的地方特色料理。
在西班牙用青豆炖鱼类的做法较常见。

伊势龙虾汤
赞否两论（賛否両論）笠原

材料（4人份）

伊势龙虾…2只
洋葱…1个
白菜…适量
色拉油…1大匙
A ┌ 水…1L
  │ 酒…200mL
  └ 海带汤…5g
淡口酱油…少量
味醂…少量
盐…少量
马铃薯粉…适量
小葱（从一端横切）…少量
黄柚子…少量
黑胡椒粉…少量

1　将洋葱切成薄片，将白菜切成大块备用。

2　切开伊势龙虾、取出虾仁。将虾壳切成大块。

3　锅中加热后倒入色拉油，放入步骤1的洋葱和步骤2的虾壳翻炒。待炒出香味放入A部分调料，用中火煮30分钟。用木铲敲碎虾壳。

4　过滤步骤3的材料、之后将汤汁重新倒回锅中、用淡口酱油、味醂调味。加入步骤1的白菜、快速煮开。

5　将步骤2的伊势龙虾仁切成一口大小，撒上盐、裹上马铃薯粉，快速放入沸水中，之后捞取出来。

6　将步骤4的材料放入容器中，摆上步骤5的虾仁。放入小葱、撒上柚子皮丝和黑胡椒粉即可。

黄油蛋黄烤伊势龙虾
赞否两论（賛否両論）笠原

材料（2人份）

伊势龙虾…1只
绿芦笋…2个
香菇…4片
炸食品专用油…适量
黄油…20g
A ┌ 蛋黄…2个
  │ 盐…少量
  └ 味醂…少量

1　将伊势龙虾带壳纵向切成两半，取出虾仁。虾壳放到锅里焯水备用。

2　将绿芦笋、香菇切成适口大小，放入170℃的炸食品专用油中直接炸。

3　将黄油化开，加入食材A混合均匀。

4　将步骤1的伊势龙虾仁切成适口大小后连同步骤2的香菇一同塞入步骤1的壳中，放入烤箱中，一边烤一边分2~3次涂上步骤3的材料，直至烤制变色。

5　装盘，放入步骤2的芦笋即可。

龙虾蚕豆番红花沙司

海罗亚（Hiroya） 福岛

材料（2人份）

龙虾（活）…1只

蚕豆…适量

豆苗…适量

盐、胡椒粉、柠檬汁…各适量

生姜（末）、蒜泥（参照P243）…各适量

黄油、橄榄油…各适量

蛤仔汤（参照P83）…适量

沙司

```
┌ 火葱（末）…适量
│ 大米…适量
│ 蛤仔汤（参照P83）…适量
│ 番红花…少量
└ 橄榄油、盐…各适量
```

1 沙司：锅烧热后倒入橄榄油，加入火葱爆香。放入大米（未洗）和番红花翻炒，倒入蛤仔汤、煮至大米熟透。放入搅拌机中搅拌后过滤，放入盐调味。

2 蚕豆用盐水焯后剥去薄皮、留出几粒备用。剩下的蚕豆加入少量蛤仔汤之后简单地碾碎，最后放入盐、胡椒粉、生姜、蒜泥、橄榄油调味。

3 锅中多放一些水煮沸，放入生的龙虾。1分钟之后捞出来，去掉虾钳。除虾钳之外的部分放入冰水里浸泡。将虾钳再次放入水中煮1分钟后捞出，将其分成与躯干相连的关节部分和螯足两个部分。与躯干相连的关节部分用刀背等轻轻拍打之后放入冰水中。螯足部分再一次放入水中，煮1分钟之后捞出，用刀背等轻轻拍打之后放入冰水中。

4 将步骤3的虾仁取出。位于头部的珊瑚也取出备用。

5 起锅开火，放入橄榄油和黄油，黄油微焦之后放入步骤4的龙虾仁，加少量盐调味后快速炒至变色后放入烤箱中烤片刻。将另一口锅烧热后放入珊瑚用小火炒熟。

6 锅中放入橄榄油，烧热后放入豆苗轻轻翻炒，放入盐和柠檬汁调味。

7 容器中放入步骤1的沙司，再放入步骤5的龙虾仁和珊瑚、步骤2的蚕豆（碎）、整粒的蚕豆，最后放入步骤6的豆苗即可。

* 腕部和螯足部分放入冰水浸泡之前、用刀背等轻轻拍打可以使虾仁完整地从虾壳中取出。直接浸泡的话、虾仁会附着在虾壳上面。

* 刚开始烹饪时，如果不提前煮螯足部分，软骨很难剔除。

芸豆炖龙虾

阿鲁道阿库（アルド アック） 酒井凉

材料（6~8人份）

龙虾…1只	白兰地…适量
青芸豆（※干燥）…500g	月桂…1片
橄榄油…10mL	番茄沙司（参照P217）…30g
大蒜（末）…1瓣	辣椒粉…10g
洋葱（末）…150g	盐…适量

※ 青芸豆：白芸豆未成熟的状态。它比普通芸豆熟的快，如果没有青芸豆可以用绿豆等代替。

1 青芸豆放到水里（1.5L）浸泡一晚上泡发备用。龙虾去除腕部，把头部和躯干部切开，之后将头部纵向切成两半，将躯干部分切成大块。

2 起锅放入橄榄油，放入大蒜和洋葱爆香。炒出香味后，放入步骤1的龙虾翻炒，之后倒入白兰地。待酒精挥发之后放入步骤1的芸豆（连同浸泡时使用的水）后放入月桂，盖上锅盖小火炖。

3 待芸豆大体上变软之后放入番茄沙司、辣椒粉、加盐再煮片刻即可关火。

龙虾饭
加利西亚的地方特色料理。
特征是只留下少量水分。

龙虾烩饭
美味的龙虾上面放上芦笋的烩饭风格。

熏制辣椒风味炖龙虾
意大利北部使用肉和龙虾混合来制作。
加入熏制辣椒和苹果制作的沙司特别美味。

龙虾饭

阿鲁道阿库（**アルドアック**）酒井

材料（2人份）

龙虾…1/2只（纵向切成两半）

乌贼（※）…20g

大米（不需要洗）…80g

橄榄油…10mL

大蒜（末）…1/2瓣

洋葱（末）…20g

A
┌ 番茄沙司（参照P217）…10g
│ 辣椒粉…5g
│ 番红花…少量
└ 鱼汤（参照P202）…750mL

盐…4g

※ 加入乌贼是为了提升味道。任何乌贼都可以。

1 起锅倒入橄榄油，加入大蒜和洋葱爆香。放入带壳的龙虾（切成适口大小）、乌贼翻炒。

2 步骤1的混合物中加入材料A，大火煮。开锅之后加入大米和盐，再次煮开之后调成中火煮13分钟，之后用小火再煮5分钟。盖上锅盖蒸3分钟即可。

龙虾烩饭

海罗亚（Hiroya）福岛

材料（容易制作的量）

龙虾（活）…1只

大米…适量

橄榄油…适量

大蒜…适量

白兰地…适量

绿芦笋（横切）…1/2根

白芦笋（横切）…1/2根

番红花…少量

无盐黄油、盐…各适量

柠檬汁…少量

帕马森干酪（切碎）…适量

1 锅中多放一些水煮沸，放入龙虾。1分钟之后捞出，去掉虾钳。虾钳以外的部分放入冰水里浸泡。将虾钳再次放入水中煮1分钟之后捞出，将其分成与躯干相连的关节部分和螯足两个部分。与躯干相连的关节部分用刀背等轻轻拍打之后放入冰水中。将螯足部分再一次放入水中，煮1分钟之后捞出，用刀背等轻轻拍打之后放入冰水中。

2 将步骤1的虾仁全部从壳中取出。位于头部的虾脑也取出备用。将虾脑放入锅中用小火炒熟备用。

3 将步骤2的龙虾壳用剪子剪成大块。锅中放入橄榄油和大蒜，将炒出香味后放入虾壳充分翻炒。待炒至变色后放入白兰地，刮掉烧焦的部分，加水（没过材料）煮约20分钟后过滤。

4 在另一口锅中加入橄榄油，放入大米和番红花翻炒，倒入步骤3的汤汁煮。最后加入绿芦笋和白芦笋。

5 在煮大米的同时，在平底锅中放入无盐黄油使其化开，之后按顺序加入龙虾（放入少量盐）的躯干、关节、螯足，微微烧焦的时候关火。淋上少量柠檬汁。

6 步骤4的混合物煮开之后装盘，撒上步骤2的虾脑，放上帕马森干酪，最后摆上步骤5的龙虾。

* 腕部和螯足部分放入冰水浸泡之前用刀背等轻轻拍打可。将虾仁完整地从虾壳中取出。若直接浸泡、虾仁会附着在虾壳上面。

* 烹饪前如果不将螯足部分煮一下、软骨很难剔除。

熏制辣椒风味炖龙虾

比库罗雷·横滨（ビコローレ・ヨコハマ）佐藤

材料（2人份）

龙虾…1只

A ⌐ 大蒜（末）…1/2瓣
  │ 胡萝卜（切成薄片）…1/2根
  │ 西芹（切成薄片）…2根
  │ 洋葱（切成薄片）…1/2个
  ⌐ 月桂叶…1片

橄榄油…适量

番茄泥…1小匙

熏制辣椒粉（市场流通）…适量

浓汤（参照P268）…适量

无盐黄油…1小匙

白兰地…30mL

苹果泥（容易制作的量）

⌐ 苹果（削皮切成薄片）…1个
│ 白砂糖、白葡萄酒…各适量
│ 肉桂…2g
│ * 全部混合放入锅里煮。煮至苹果变软之后取出月桂叶，剩
└   下的全部倒入搅拌机中搅拌均匀。

鲜奶油…少量

芜菁（去皮切成适口大小的弧形、焯水、
　　用黄油煎）…适量

辣椒粉…适量

1　锅中放入橄榄油，放入材料A翻炒。待材料变软之后放入番茄泥、熏制辣椒粉继续炒。

2　步骤1的混合物中放入浓汤煮10分钟左右。取出月桂叶，剩下的部分放入搅拌机中搅拌均匀。

3　将龙虾带壳切成大块。

4　锅中放入无盐黄油，放入步骤3的龙虾煎制。倒入白兰地，待酒精成分挥发后，放入步骤2的食材煮3分钟左右。

5　从锅中取出龙虾，锅中放入适量苹果泥和黄油（分量外）、少量鲜奶油调整沙司的味道。

6　将步骤5的龙虾和沙司盛到盘中，放入芜菁、撒上辣椒粉即可。

樱虾

银杏饼、樱虾乌鱼子干

银杏和虾很适合组合在一起制作料理。
乌鱼子干和银杏饼的口感也特别相配。

融入香菜味道的塔廖利尼
辣椒·油·蒜味樱虾

樱花虾搭配香菜是既新鲜又美味的组合。
充分利用辣椒和大蒜调味。

银杏饼、樱虾乌鱼子干

海罗亚（Hiroya） 福岛

材料

银杏…适量

樱虾…适量

乌鱼子干（自制，切成细丝）…适量

菊苣…少量

欧芹沙司（烤蒜、花生、欧芹、橄榄油混合后放入搅
　拌机搅拌后过滤）…适量

橄榄油、盐、七味粉（※）、柠檬汁…各适量

炸食品专用油…适量

※ 七味粉：日料中以辣椒为主的调味料，由辣椒和其他六种
不同的香辛料配制成。

1　平底锅中放入多一点的橄榄油后放入银杏
（剥壳）煎。剥去薄皮，放入食品料理机中研磨
成碎粒。

2　用保鲜膜将银杏碎包成细长形。

3　锅中放入炸食品专用油，大火加热直至冒
烟，加入樱虾，炸熟后沥干油，撒上盐和七
味粉。

4　将菊苣切碎，加入盐、柠檬汁拌匀（为了
整体平衡、使酸味更强）。

5　容器中放入欧芹沙司，放入步骤2的食材，
摆上步骤3的樱虾和乌鱼子干，撒上盐、七味
粉。最后放上步骤4的菊苣即可。

融入香菜味道的塔廖利尼
辣椒·油·蒜味樱虾

比库罗雷·横滨（ビコローレ·ヨコハマ） 佐藤

材料（1人份）

塔廖利尼（※容易制作的量，约15人份，1人份使用60g。）

```
┌ 面粉（意面粉，北海道产）…600g
│ ┌ 香菜…90g
│ │ 鸡蛋（整个）…2个（107g）
A│ 水…100mL
│ │ 盐…适量
└ └ 橄榄油…适量
```

大蒜（末）…1/5小匙

红辣椒（切成大块）…1小撮

樱虾（生）…30g

香菜（末）…10g

面包屑（用橄榄油炒完备用）…50g

盐、橄榄油…各适量

※ 意面的一种，宽度为2~3mm。

1　塔廖利尼：①将食材A混合后放入搅拌机
中搅拌。②将一部分材料移到碗中，加入面粉
揉匀制作面坯后，放入真空袋中，冷藏一晚备
用。③用意式面条机压平，切成塔廖利尼的
宽度。

2　水中放盐，将60g步骤1的材料煮开。

3　平底锅中放入橄榄油，加入大蒜、红辣椒
翻炒。炒至略微变色后放入樱虾继续翻炒。

4　放入煮好的塔廖利尼和适量汤汁，搅拌使
酱汁乳化。加入香菜后盛到容器中，撒上香菜
（分量外）。撒上炒过的面包屑即可。

樱虾　炸春卷

（天下第一菜）

在香喷喷的炸春卷上淋上
樱虾、蚕豆、紫萼幼芽混合而成的热汁。

樱虾水芹饭

用海带汤和淡口酱油、酒煮的米饭，
蒸的时候加入樱虾。

樱虾酱炒青菜

用虾油炒樱虾和生姜制作出樱虾酱。
制作简单，炒菜时加入，可激发出食材
本身的鲜甜味。

胡萝卜拌樱虾

樱虾炸过之后可以增加香味。
用美味的樱虾搭配甘甜的胡萝卜。

樱虾 炸春卷
（天下第一菜）

麻布长江 香福筵 田村

材料（2人份）

樱虾（生）…40g

A
┌ 清汤（中餐的清汤）…300mL
│ 酒…1大匙
│ 盐…2g
└ 酱油…8mL

蚕豆（去壳）…12粒

紫萼幼芽（切成4cm宽）…40g

马铃薯淀粉水…2大匙

醋…1小匙

炸春卷（参照下侧）…春卷皮4片

炸食品专用油…适量

1 将樱虾（生）快速放入水中焯一下。

2 锅中放入食材A和蚕豆、紫萼幼芽、步骤1
的樱虾，用小火煮。

3 倒入马铃薯淀粉水勾芡。加醋，倒入深一
点的容器中。

4 炸春卷放入提前预热好的陶锅中。

5 将步骤4的陶锅移到顾客面前，注入步骤3
的材料，注入的同时会发出"刺啦"的一声。

炸春卷

1 将春卷皮（正方形）切成16个等大的小正
方形。

2 将步骤1的小正方形角靠近手边，一点一
点卷起，在边缘部分抹上蛋液封口。放入烧至
180℃的油中炸出香味。

樱虾水芹饭
赞否两论（賛否両論）笠原

材料（容易制作的量）

大米…450g

A
┌ 海带汤…450mL
│ 淡口酱油…45mL
└ 酒…45mL

樱虾（生）…150g

水芹…5根

白芝麻…少量

1 将大米淘洗干净后捞出备用。

2 将樱虾放入一碗水中，用筷子搅拌，去除
虾须。擦去水分。

3 水芹从一端横切成块。

4 陶锅中放入大米和调料A一同煮，蒸的时候
撒上步骤2的虾。

5 在蒸熟的米饭上撒上水芹块和白芝麻即可。

樱虾酱炒青菜

麻布长江 香福筵　田村

材料（2人份）

青菜（根据个人喜好）…100g

樱虾（生）…15g

玉米粉…适量

炸食品专用油…适量

<u>樱虾酱</u>…25g

┌ 虾油（※）…适量

├ 樱虾（生）…适量

└ 生姜（末）…少量

┌ 清汤（中餐清汤）…40mL

A ├ 酒…1大匙

└ 盐…少量

盐、色拉油…各少量

虾油（※）…1大匙

※ 虾油：将虾壳和米糠油（色拉油和大豆油也可以）放入锅中混合后用小火煮，使虾味充分融入其中。

1　青菜切成4~5cm的段。

2　制作<u>樱虾酱</u>。锅烧热后倒入虾油，放入樱虾（生）和生姜末炒出香味。放入食品料理机中搅拌成糊状。

3　锅中放入适量的水，加入少量盐、色拉油，放入青菜快速焯一下后沥干水分。

4　锅中放入少量色拉油和步骤2的樱虾酱（25g）小火翻炒，放入食材A加热至沸腾。加入步骤3的青菜大火翻炒。最后加入1大匙虾油，装到盘中。

5　樱虾放入玉米粉中抓匀，放入加热至160℃的油炸至酥脆。最后撒上步骤4的青菜。

樱虾酱

胡萝卜拌樱虾

赞否两论（賛否両論）笠原

材料（4人份）

樱虾（生）…150g

胡萝卜…1/2根

鸭儿芹…3根

低筋面粉…适量

┌ 蛋黄…2个

A ├ 水…100mL

└ *混合均匀

炸食品专用油…适量

盐…少量

酸橘（切成两半）…1个

1　樱虾放入一碗水中、用筷子搅拌去除虾须。去除水分。

2　胡萝卜切成丝。鸭儿芹切成3cm长的段。

3　将步骤1和步骤2的材料放入碗中，加入低筋面粉，混合均匀使面粉充分裹在材料上。

4　步骤3中少量多次放入食材A使其更加黏稠。

5　依次取出适量步骤4的材料，放入加热至170℃的热油中炸至定形。装盘，放入盐和酸橘即可。

河虾

杭州传统油爆虾

这道料理是杭州的特色料理。用热油炸河虾之后放入锅中加入调味料用大火炒使让调味料充分融入河虾中。

虾仁烂糊白菜

毛汤中放入白汤一起煮，放入白菜将其
煮烂，再加入河虾。

酒酿圆子烧河虾

用酒酿制作而成的
甘甜料理。

杭州传统油爆虾
麻布长江 香福筵 田村

材料（8人份）

河虾（※下图）…400g

炸食品专用油…适量

A ┌ 色拉油…1大匙
  │ 花椒…1/2大匙
  └ 鹰爪辣椒（切成圈）…1大匙

B ┌ 绍兴酒…4大匙
  │ 骨汤…100mL
  │ 酱油…2大匙
  └ 三温糖…1大匙

※ 制作这道料理时使用的河虾属于手长虾科类。生活在淡水中、特征是虾足部分（第二段）非常长。

1　去除河虾的虾须。

2　将步骤1的虾放入加热至200℃的油里炸30秒左右后捞出。

3　锅中放入调料A，小火炒出香味。加入调料B。

4　倒入炸河虾，大火炒干水分。

5　待水分完全炒干后装到盘中即可。

河虾

虾仁烂糊白菜
麻布长江 香福筵 田村

材料（4人份）

河虾（参照P116）…400g

白菜丝…100g

猪五花肉丝…60g

色拉油…少量

A ┌ 骨汤…400mL
　└ 高汤（此处为煮白肉的汤）…100mL

绍酒…1大匙

B ┌ 盐…少量
　│ 酒…少量
　│ 蛋清…1/2个
　└ 马铃薯粉…少量

大豆油或者色拉油…适量

C ┌ 虾油（※）…1大匙
　└ 大葱（末）…1大匙

骨汤…50mL

盐…1g

水溶性马铃薯粉…1大匙+2大匙

※ 虾油：虾壳和米糠油（色拉油和大豆油也可以）放入锅中混合均匀后用小火煮，使虾味充分融入其中。

1　锅中放入少量色拉油，放入猪五花肉丝翻炒。放入食材A、白菜丝、1大匙绍酒，盖上锅盖小火煮熟（直至将白菜煮烂）。

2　虾剥壳后用调料B提前调味放入锅中快速油炸（正式加热前将虾炸成半成品）。

3　将食材C放入油锅中炒，倒入50mL骨汤后将步骤2的河虾重新放回锅中。用1g盐调味，放入1大匙水溶性马铃薯粉勾芡。

4　在步骤1的材料中放入少量盐（分量外）调味，放入2大匙水溶性马铃薯粉勾芡。

5　将步骤4的材料盛到容器中，在中间摆上步骤3的河虾。

酒酿圆子烧河虾
麻布长江 香福筵 田村

材料（4人份）

河虾（参照P116）…200g

黄花菜…10根

糯米团

┌ 糯米粉…40g
└ 水…40mL

A ┌ 虾油（※）…2大匙
　└ 大葱（末）…1大匙

B ┌ 骨汤…150mL
　│ 酒酿（※）…50g
　│ 三温糖…15g
　│ 盐…4g
　└ 米醋…30mL

炸食品专用油…适量

※ 虾油：将虾壳和米糠油（色拉油和大豆油也可以）放入锅中混合后用小火煮，使虾味充分融入其中。
※ 酒酿：由糯米和酒曲发酵制成。

1　糯米团：糯米粉中加入等量的水搅拌后做成小手指甲大小的团。放入沸水中煮。

2　河虾去除长虾须，放入加热至200℃的炸食品专用油中炸。

3　油锅中放入食材A，用小火翻炒。待炒出香味后，加入食材B。

4　将步骤2的虾放入步骤3的材料中，用小火翻炒。放入步骤1的糯米团和黄花菜炒熟。

虾子

虾子拌面

将虾子干燥制作而成的中餐食材，将菜变得更加美味的优质调味料。

虾子锅塌豆腐

将虾子用于制作简单的煮豆腐，可将美味升级。

北太平洋雪蟹

清汤绣球蟹

在虾肉糜的外面沾上蟹肉做成团子后，
再加入蟹汤制作而成。

蟹真薯

最大限度减少调味料和材料的使用量，
保留蟹肉本身的味道和口感。

虾子拌面

麻布长江 香福筵 田村

材料（1团）

中式细面…1团

┌ 葱油（葱放入油中炸）…3大匙
A │ 生姜（末）…1小匙
└ 虾子（※）…10g

┌ 盐…1g
B │ 酱油 …7mL
└ 醋…4mL

小葱（末）…适量

※ 虾子：将虾子干燥处理，经常用于制作中餐。

1　将中式细面放到锅里煮。捞出后控干水分、放入碗中。

2　锅中放入食材A，小火炒出香味。连同油一起放入步骤1的碗中，加入调料B搅拌。

3　装盘，撒上小葱末即可。

虾子锅塌豆腐

麻布长江 香福筵 田村

材料（2~3人份）

木棉豆腐…1块

鸡蛋…1个

低筋面粉…50g

炸食品专用油…适量

┌ 葱油（葱放入油中加热而成）…2大匙
A │ 生姜（末）…1小匙
└ 虾子…8g

┌ 绍兴酒…2大匙
B │
└ 清汤（中餐清汤）…200mL

┌ 盐…1g
C │ 三温糖…2g
└ 酱油…2mL

马铃薯淀粉水…少量

1　将木棉豆腐切成4cm×4cm×1.5cm厚的片。

2　将打散的鸡蛋和低筋面粉分别放入方盘中备用。

3　将豆腐片按顺序涂上步骤2的蛋液、低筋面粉后放入160℃的油中炸至表面变硬后捞出沥油。

4　将平底锅洗净后放入食材A小火炒以免煳锅，炒出香味。倒入食材B、放入炸好的豆腐。

5　加入食材C、小火煮3分钟。加入少量马铃薯淀粉水勾芡后即可。

清汤绣球蟹

麻布长江 香福筵 田村

材料（8人份）

北太平洋雪蟹（用盐水焯后将蟹肉从壳中
　剥出）…200g

虾肉糜

┌ 虾仁…125g

A ┌ 猪通脊末…50g
　└ 蛋清…1/3个

B ┌ 绍兴酒…5mL
　│ 日本酒…5mL
　│ 胡椒粉…少量
　│ 盐…1g
　│ 白砂糖…1g
　│ 酱油…2mL
　│ 清汤（中餐清汤）…10mL
　└ 虾油（※）…5mL

└ 马铃薯粉…3g

C ┌ 清汤…600mL
　└ 蟹汤（做法参照P125）…600mL

盐…少量

※ 虾油：虾壳和米糠油（色拉油和大豆油也可以）放入锅中
混合，用小火煮，使虾味充分融入其中。

1　制作**虾肉糜**。用刀背敲打虾仁、切成大
块。放入碗中，加入食材A和食材B按照同一方
向搅拌。拌匀后加入马铃薯粉，充分搅拌直至
变得黏稠。放入冰箱中冷藏备用。

2　将步骤1的虾肉糜分成8等份团成球状。外
面蘸上蟹肉，蒸5分钟左右。

3　将食材C混合放入锅中，加入少量盐调味。

4　将步骤2的材料放入容器中（每个容器中放
1个），之后倒入适量步骤3的汤即可。

蟹真薯

赞否两论（贊否両論） 笠原

材料（8人份）

北太平洋雪蟹…1只

马铃薯粉…少量

真薯材料（容易制作的量）

┌ 白身鱼肉糜…1kg
│ 无酒精成分的酒…450mL
│ 蛋清…1个
│ 盐…少量
└ ＊用蒜缸（或者食品料理机）搅拌均匀。

土当归…50g

黄柚子皮…少量

小葱…1根

汤底（※）…适量

※ 汤底：将1L鲣鱼汤汁、2大匙酒、2小匙淡口酱油、1/2小匙
粗盐放入锅中，煮开锅之后关火。

1　蒸蟹。将蟹肉从壳中取出来撕碎、蘸少量
马铃薯粉，与适量**真薯材料**混合，做成适当大
小的团子。放入锅中蒸。

2　将土当归切成细丝后放入水中。黄柚子皮
切成小碎块。

3　小葱切成5cm长的段，放入汤底中快速煮
一下备用。

4　每个碗中放入1个步骤1的团子，加入步骤
3的葱，注入汤底，放上步骤2的土当归丝和黄
柚子皮丁即可。

海带雪蟹

给生蟹肉赋予些许海带的味道。

树芽味噌拌雪蟹乌贼

早春时节的北海道雪蟹搭配同属应季
食材的乌贼和当归。

蟹冻拌蛋黄蒸蟹

在加入足量蟹肉的蛋黄蒸蟹上，
撒上用蟹汤做的蟹冻。

花雕芙蓉蒸蟹
在光滑的茶碗蒸中加入倒有绍酒的蟹汤。

翡翠银杏豆腐蟹
软嫩的豆腐搭配蟹肉，
银杏黏糯的口感是这道料理的特色。

海带雪蟹

产贺（うぶか） 加藤

材料（容易制作的量）

北太平洋雪蟹（活）…1只

海带…适量

盐…少量

酒…少量

小水芹末…少量

1　将雪蟹肉从壳中取出，撒上盐，淋入酒。

2　将步骤1的蟹肉放在海带中，轻轻地压一下放入冰箱中冷藏半日备用。

3　将泡发好的海带铺到雪蟹壳中，摆上步骤2的蟹肉，最后放上小水芹末即可。

※ 蟹壳是将含有蟹黄或蟹膏的壳放入锅里蒸，之后取出蟹黄或蟹膏，将壳洗净、晒干即可。

树芽味噌拌雪蟹乌贼

产贺（うぶか） 加藤

材料（1人份）

北太平洋雪蟹（剥去含有蟹黄或蟹膏的壳，剩余部分用盐水煮，之后从壳里取出的肉※）…30g

荧光乌贼…2只

土当归…30g

树芽味噌（※）…5g

米醋、盐、甜醋…各适量

土当归叶（直接炸）…少量

※ 在一些料理店一般都将蟹肉和蟹黄或蟹膏（体形比较大的蟹）分开，分别加热处理。

※ 树芽味噌：将树芽放到蒜缸中磨碎后一边磨一边少量多次加入玉味噌。

1　将荧光乌贼放入盐水中焯水，剔除眼睛、嘴、软骨。

2　土当归剥皮、切块后放到米醋水中浸泡后放入水中（加入少量甜醋和盐）焯水。去除水分，浸泡在甜醋中备用。

3　将北太平洋雪蟹肉、步骤1的荧光乌贼、步骤2的土当归块盛到容器中，撒上树芽味噌，最后放入炸过的土当归叶。

蟹冻拌蛋黄蒸蟹

赞否两论（贊否両論） 笠原

材料（8人份）

北太平洋雪蟹…1只

盐…适量

A ┌ 水…800mL

　│ 酒…100mL

　│ 海带…5g

　│ 淡口酱油…2大匙

　│ 大葱（取葱叶）…1根

　│ 味酥…2大匙

　└ 盐…少量

明胶…4.5g

鸡蛋…3个

B ┌ 汤汁…150mL

　│ 淡口酱油…少量

　└ 味酥…少量

生姜（末）…10g

芽葱（末）…少量

1　将北太平洋雪蟹放入盐水中煮后从壳中取出蟹肉并撕碎。

2 将步骤1的壳和食材A放入锅中，中火煮30分钟之后过滤出蟹汤。

3 将泡发好的明胶放入步骤2的汤汁（360mL）中煮，使其充分溶解后用冰水冷却锅底使其变硬。

4 将鸡蛋打散后与食材B充分混合之后用笊篱过滤。

5 将步骤1的蟹肉和步骤4的材料混合放入模具中，放进蒸锅中用小火蒸15分钟左右。最后放入冰箱中冷藏备用。

6 取出后，切成适口大小，盛到容器中，浇上步骤3的蟹冻，最后加上生姜末和芽葱末。

花雕芙蓉蒸蟹

麻布长江 香福筵　田村

材料（2人份）

北太平洋雪蟹（把整只蟹腿用盐煮过后切下，取出蟹肉备用）…2只

鸡蛋（搅成蛋液）…2个

A
┌ 蟹汤※…200mL
│ 清汤（中餐清汤）…80mL
│ 绍兴酒…20mL
└ 盐…1.5g

雪蟹的蟹味噌（用盐水煮之后取出）…适量

鱼子酱…适量

1 碗中放入食材A，加入过滤后的蛋液混合均匀撇去泡沫。

2 容器中倒入步骤1的蛋液，小火蒸10分钟左右。表面凝固后在表面放入蟹肉，继续蒸至温热。

3 加入蟹味噌、鱼子酱即可。

※蟹汤（容易制作的量）

水…1L

酒…500mL

雪蟹的壳…1只

生姜…少量

将所有的材料都放入锅中，小火煮40~50分钟后过滤。

翡翠银杏豆腐蟹

产贺（うぶか）加藤

材料（1人份）

芳蟹（北太平洋雪蟹，剥去含有蟹黄或蟹膏的壳，剩余部分用盐水煮后从壳里取出的肉※）…30g

芳蟹的蟹黄或蟹膏（从蒸完的蟹壳中取出※）…10g

豆腐（压出水分）…1/6块

银杏（直接炸）…7个

高汤（※）…20mL

※ [芳蟹]是在山形县的庄内港口渔获的北太平洋雪蟹的称呼。
※ 在一些人气店，一般都将蟹肉和蟹黄或蟹膏（体形比较大的蟹）分开、分别加热处理。
※ 高汤：由50mL的汤汁（罗臼海带和鲣鱼熬制而成）、10mL的味醂、10mL的淡口酱油混合而成。

1 将沥干水分的豆腐放入烤炉烤出香味。

2 将步骤1的豆腐盛在容器中后放入芳蟹的蟹肉和蟹黄或蟹膏，用烤炉的小火烤制。最后撒上银杏，浇上高汤即可。

松叶蟹鹅肝布丁

在加入松叶蟹汁和鹅肝制作而成的布丁上，
放上蟹肉、奶酪和欧芹沙司。
味道浓郁尽显奢华。

若松叶蟹地蛤汁

若松叶蟹所含水分较多，
与地蛤汁搭配使用，
可使咸味恰到好处、更加适口。

芜菁蒸松叶蟹

这是一道冬日基本款料理。
将蟹肉放在最上面可凸显这道料理食材
上的特色。

蟹肉蒸饭

在加入百合根的蒸饭上放入蟹肉，
再浇上蟹黄或蟹膏芡汁。

松叶蟹鹅肝布丁

海罗亚（Hiroya） 福岛

材料

松叶蟹（北太平洋雪蟹）…适量

鸡蛋坯（4人份）

- 松叶蟹汁（※）…200mL
- 鹅肝（去除血管）…30g
- 鸡蛋…1个
- 盐、胡椒粉…各适量

七味粉…少量

沙司

- 布尔桑奶酪…适量
- 帕马森干酪碎…适量
- 欧芹沙司（烤蒜、花生、欧芹、橄榄油混合后放
  A 入搅拌机中搅拌、过滤）…适量
- 大葱沙司（参照P268）…适量
- 大蒜蛋黄酱（※）…适量
- 黑胡椒碎、芥末…各少量

炸米干（将大米放入锅里蒸后放在室温里使其变干燥，
最后放在热油中快速炸）…适量

黄柚子皮（切成细丝）…少量

※ 松叶蟹汁：将松叶蟹的壳放入锅中，加入日本酒和水（没
过材料）煮锅后过滤。

※ 大蒜蛋黄酱：碗中放入适量蛋黄、蒜末、水、柠檬汁、番
红花、芥末，用打蛋器混合均匀，一边搅拌一边少量多次
加入橄榄油，直至搅拌至呈蛋黄酱状。

1　松叶蟹蒸熟后切开，从壳中取出蟹肉和蟹
味噌（蟹壳用来制作鸡蛋坯的汤汁）。

2　将松叶蟹汁和鹅肝、鸡蛋混合后放入搅拌
机中搅拌，放盐、胡椒粉调味后制作鸡蛋坯后
取适量放入容器中蒸。

3　将步骤1的蟹肉（除了蟹足之外、形状较好
的）撕碎，加入蟹黄或蟹膏搅拌后放入少量的
七味粉使味道能浓郁（喜欢甜口的可以加入烤
洋葱泥，喜欢酸口的可以加入柠檬汁，可根据
个人口味进行调整）。

4　将蟹足部分的肉用炭火快速烤制。

5　在步骤2的布丁上面摆上步骤3的材料和步
骤4的蟹足肉，放入沙司（材料A的混合物），
再摆上炸米干。最后在蟹肉上面放上黄柚子皮
丝即可。

若松叶蟹地蛤汁

产贺（うぶか） 加藤

材料（1人份）

若松叶蟹（北太平洋雪蟹，剥去含有蟹黄的壳，剩余
部分用盐水煮，之后从壳里取出蟹肉※）…30g

若松叶蟹汁（切蟹时流出的汁）…适量

地蛤汁（※）…适量

地蛤（取汤汁时使用）…1个

若松叶蟹味噌糊（在若松叶蟹味噌上面加上蛋黄，用
小火熬制，参照P28）…少量

吉野葛粉水…适量

※ [若松叶蟹]是蜕皮后外壳还未变硬的北太平洋雪蟹在鸟取县
的称呼。

※ 在产贺（うぶか），一般都将蟹肉和蟹黄（体形比较大的蟹）
分开后分别加热处理。

※ 取蟹肉时流出的汁、取出备用。

※ 地蛤汁：取适量地蛤、连同等量的水一同放入锅中，盖上
锅盖加热。壳张开之后将蛤蜊从锅中取出。

1　将地蛤汁连同等量若松叶蟹汁混合放入锅
中（如果太咸可以加水调整）加热，用吉野葛
粉水勾出薄薄的芡。

2　将地蛤肉从壳中取出并清洗干净。

3　将若松叶蟹肉盛到容器中，放入蟹味噌
糊，再放入步骤2的地蛤肉，最后倒入30mL的
汤汁（步骤1）。

芜菁蒸松叶蟹

产贺（うぶか） 加藤

材料（1人份）

松叶蟹（北太平洋雪蟹，剥去含有蟹黄或蟹膏的壳，剩余部分用盐水煮后从壳里取出的肉※）…50g

松叶蟹黄或蟹膏（从蒸好的蟹壳中取出※）…适量

圣护院芜菁…1/4个

蛋清（打发至起泡）…5g

银馅（※）…30mL

道明寺粉（糯米用水浸泡，经干燥、粗磨制成的食品）、盐、汤汁、芥末（泥）…各适量

※ 在一些人气料理店，一般都将蟹肉和蟹黄或蟹膏（体形比较大的蟹）分开、分别加热处理。

※ 银馅：将50mL汤汁（罗臼海带和鲣鱼熬制而成）加热后放入少量盐和淡口酱油调味，最后放入少量水溶性葛粉勾芡。

1 将圣护院芜菁去皮，将一半切成丝、去除多余的水分。

2 将少量道明寺粉和盐、打至起泡的蛋清放入步骤1的材料中混合均匀。

3 将剩下的圣护院芜菁切成5mm见方的块，用汤汁快速煮熟备用。

4 将步骤2和步骤3的材料放入容器中后放入松叶蟹的蟹肉和蟹黄或蟹膏蒸熟。

5 在蒸好的步骤4的混合物上撒上银馅，再放入芥末泥即可。

蟹肉蒸饭

赞否两论（賛否両論） 笠原

材料（容易制作的量）

北太平洋雪蟹…1只

大米…450g（淘干净、用笊篱捞出备用）

百合根…50g

┌ 海带汤…450mL
A 淡口酱油…45mL
└ 酒…45mL

┌ 汤汁…150mL
B 淡口酱油…10mL
└ 味醂…10mL

马铃薯淀粉水…适量

鸭儿芹（茎）…5根

生姜…10g

1 将北太平洋雪蟹蒸熟，从壳中取出蟹肉、撕碎。蟹味噌也取出备用。

2 百合根清洗之后切开。鸭儿芹的茎横切、生姜切成丝。

3 将大米、步骤2的百合根、食材A混合放入陶锅中煮。蒸的时候、放入步骤1的蟹肉。

4 将蟹黄或蟹膏和食材B放入锅中混合加热、之后放入水溶性马铃薯淀粉水勾芡。

5 将步骤3的材料盛到容器中，撒上步骤4的材料，最后放上步骤2的鸭儿芹和生姜丝。

蟹肉饭

不加入做汤时使用的食材，水芹、油菜花、
萝卜可给这道增加绿色元素。
食用时将食材混合，可以品尝各种食材的味道。

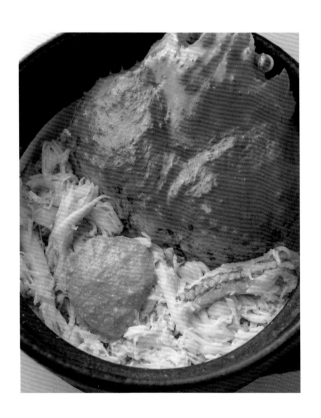

黄金蟹焖饭

不加入多余的食材，用味道鲜美、
肉质细嫩的黄金蟹作为主角制作而成。

黄金蟹煮白鱼

早春上市的黄金蟹和白鱼是最佳组合。

莴苣茎拌松叶蟹

莴苣茎脆脆的口感搭配不同口味的松叶蟹，
百吃不厌。

菊花桃蟹汤

将桃蟹和食用菊搭配。
采用山形县的当季素材制作而成。

蟹肉饭

海罗亚（Hiroya） 福岛

材料（容易制作的量）

大米…210g

松叶蟹（北太平洋雪蟹）…1/2只

松叶蟹汁（※）…210mL

A ┌ 水芹…适量
  │ 油菜花（盐水焯）…适量
  │ 生姜…适量
  │ 大葱…适量
  │ 萝卜…适量
  └ 黄柚子皮…少量

盐、酱油…各少量

※ 松叶蟹汁：将松叶蟹的壳放入锅中，加入日本酒和水（没过材料）煮开后过滤。

* 使用铁锅或陶锅都可以。

1　将大米彻底冲洗以吸收水分，然后沥干。放入铁锅（或陶锅）中，加入松叶蟹汁煮熟。

2　将松叶蟹蒸熟之后切开，从壳中取出蟹肉和蟹黄或蟹膏（使用1/2个）。

3　将材料A切成小块。加入少量盐和酱油混合搅拌、调味。

4　将蟹足以外的蟹肉撕碎、拌上蟹黄或蟹膏。

5　步骤1的饭煮好之后，用锅铲搅拌（从锅底铲起、使蟹汁充分入味）之后盖上锅盖再煮片刻即可（此处使用比较厚的铁锅或者陶锅。如果使用其他的锅需要调整下水分使用量）。

6　在步骤5的米饭上放上步骤3的食材，再放上步骤4的食材最后摆上蟹足的肉。

* 食用时将全部材料搅拌均匀。

黄金蟹焖饭

产贺（うぶか） 加藤

材料（5人份）

黄金蟹（见P27。产自福井县。剥去含有蟹黄或蟹膏的壳、剩余部分用盐水煮，之后从壳里取出的肉※）…1只

黄金蟹黄或蟹膏（从蒸完的蟹壳中取出※）…1只

黄金蟹汁（※）…900mL

大米（淘完之后放入水中浸泡、用笊篱捞出备用）…1kg

盐…9g

※ 在一些料理店，一般都将蟹肉和蟹黄或蟹膏（体形比较大的蟹）切分后分别加热处理。

※ 蟹壳蒸过之后、洗干净晾干备用。

※ 黄金蟹汁：蟹肉取出之后将壳放入锅中，加入1.5L水煮、沸腾之后撇去浮沫，小火再加热20分钟、之后过滤。

1　将黄金蟹汁用盐调味后和大米一起放入饭锅中煮。

2　煮熟之后摆上黄金蟹肉、黄金蟹黄或蟹膏，最后用蟹壳作为装饰。

黄金蟹煮白鱼
产贺（うぶか） 加藤

材料（1人份）

黄金蟹（见P27。剥去含有蟹黄或蟹膏的壳，剩余部分
用盐水煮，之后从壳里取出蟹肉※）…40g

黄金蟹蟹黄或蟹膏（从蒸完的蟹壳中取出※）…15g

菠菜（盐水焯过）…10g

白鱼…20g

裙带菜（生）…10g

锅底（※）…50mL

※ 在人气料理店一般都将蟹肉和蟹黄或蟹膏（体形比较大的
蟹）拆分后分别加热处理。

※ 锅底：将汤汁（罗臼海带和鲣鱼熬制而成）、淡口酱油、味
酥按照12：1：1的比例混合。

小锅中放入黄金蟹肉、菠菜、白鱼、裙带菜，
放入锅底加热。在蟹上面摆上黄金蟹黄或蟹膏。

莴苣茎拌松叶蟹
产贺（うぶか） 加藤

材料（1人份）

松叶蟹（北太平洋雪蟹。剥去含有蟹黄或蟹膏的壳，剩
余部分用盐水煮，之后从壳里取出蟹肉※）…30g

莴苣茎…30g

米糠油…少量

汤汁（罗臼海带和鲣鱼熬制而成）…30mL

盐、味酥、吉野葛粉…各适量

※ 料理店一般都将蟹肉和蟹黄或蟹膏（体形比较大的蟹）分
开，分别加热处理。

1 莴苣茎去皮后斜切成厚片。

2 锅中放入米糠油，放入步骤1的材料快速翻
炒。炒至颜色加深后放入汤汁、盐、少量的味
酥调味，使味道比汤底更浓郁。

3 步骤2的材料中放入吉野葛粉勾芡后盛到容
器中，加入撕碎的蟹肉即可。

菊花桃蟹汤
产贺（うぶか） 加藤

材料（1人份）

桃蟹（北太平洋雪蟹，见P26。剥去含有蟹黄或蟹膏的壳，
剩余部分用盐水煮，之后从壳里取出蟹肉※）…30g

食用菊…5g

汤底（※）…100mL

吉野葛根粉水…适量

黄柚子皮（切成细丝）…适量

醋…适量

※ 在人气店，一般都将蟹肉和蟹黄或蟹膏（体形比较大的蟹）
分开，分别加热处理。

※ 汤底：在汤汁（罗臼海带和鲣鱼熬制而成）中放入少量酒、
淡口酱油、盐调味。

1 将食用菊放入水（加醋）中焯后去除多余
水分。

2 将汤底加热，放入吉野葛根粉水勾芡。

3 碗中盛入蟹肉，步骤2的混合物中放入步骤
1的材料后倒入碗中。在蟹肉上摆上黄柚子皮丝
即可。

圣子蟹 ※雌性雪蟹

鱼子沙拉蟹

将腌制冬葱和烤茄子拌圣子蟹肉、卵巢、
蟹卵后搭配具有大蒜和奶酪风味的欧芹沙司。

花雕醉蟹

通常用上海蟹制作的情况比较多，
这道绍兴酒腌醉蟹由圣子蟹制作而成。

鱼子沙拉蟹

海罗亚（Hiroya） 福岛

材料（1人份）

圣子蟹…1只

冬葱（腌制，焯过后浸泡到蛤仔汤〈参照P83〉中备
用）…适量

烤茄子（※）…1/2个

洋葱泥（※）…适量

盐、橄榄油、柠檬汁…各适量

沙司

┌ 帕马森干酪（切碎）…适量

│ 大蒜蛋黄酱（※）…适量

│ 欧芹沙司（烤蒜、花生、欧芹、橄榄油混合后

│ 放入搅拌机中搅拌后过滤）…适量

└ * 用盐、胡椒粉、柠檬汁混合平衡味道。

鱼子（※）…适量

※ 烤茄子：将茄子放到烤网上用炭火烤后用保鲜膜包起，静
置一会儿，待香味逸出后去皮、切成适口大小。

※ 洋葱泥：将整个洋葱带皮放入烤箱中烤后剥皮，放入搅拌
机中搅拌至呈泥状。

※ 大蒜蛋黄酱：碗中放入蛋黄，再加入适量蒜泥、水、柠檬
汁、番红花、芥末，用打蛋器搅拌均匀，一边少量多次加
入橄榄油一边搅拌至呈蛋黄酱状。

※ 鱼子：将盐渍鲑鱼子放入碗中，倒入沸水之后用筷子搅拌
后用清水冲去污垢。

1 圣子蟹蒸熟后从壳中取出蟹肉并撕碎。卵
巢和蟹卵也取出，加少量盐调味。

2 将浸泡过的冬葱和烤茄子切成适口大小。

3 将步骤1的蟹肉、卵巢、蟹卵、步骤2的冬
葱和烤茄子、洋葱泥混合，加入盐、橄榄油、
柠檬汁调味。

4 盘子中倒入沙司，将步骤3的混合物装入盘
中，放上鱼子。最后用圣子蟹壳作为装饰。

花雕醉蟹

麻布长江 香福筵 田村

材料（3只）

圣子蟹（活）…3只

腌制材料

┌ 绍兴酒…600mL

│ 日本酒…300mL

│ 酱油…200mL

│ 白砂糖…180g

│ 大葱、生姜…各少量

└ 陈皮…少量

酸橘（切成薄片）…3片

1 将腌制材料混合、搅拌均匀直至白砂糖
溶化。

2 将圣子蟹（活）用水洗净后擦去多余水分，
放入步骤1的材料中浸泡（务必将蟹充分浸泡到
腌制材料中。盖上盖子、尽量不要让蟹浮起）。

3 腌制4~5天后切开以方便食用，取出卵巢、
蟹卵，盛到容器中。倒入适量腌制汁，摆上酸
橘即可。

海带蒸蟹

将圣子蟹蟹肉、卵巢、
蟹味噌全部放入蟹壳中。

焗烤蟹

使用整个圣子蟹的豪华焗烤。

海带蒸蟹
产贺（うぶか）加藤

材料（1人份）

圣子蟹…1只

罗臼海带（5cm×5cm）…1片

圣子蟹汁（※）…适量

盐、吉野葛根粉水…各少量

※ 圣子蟹汁：将蟹肉取出，将剩下的壳（收集几个）铺在方盘上放在烤箱里烤，烤出香味后放入锅中，加入罗臼海带后加水煮。沸腾之后撇去浮沫，小火加热20分钟后过滤。

1　圣子蟹用盐水煮后从壳中取出蟹肉、蟹卵和蟹味噌。将蟹卵放入笊篱中，浸泡在装水的碗中，去除笊篱中的杂物（参照P29）。

2　加热圣子蟹汁之后用盐调味，再放入少量吉野葛粉水勾芡。

3　在圣子蟹壳中放入泡发好的罗臼海带后再摆上步骤1的蟹肉、卵巢和蟹黄或蟹膏、蟹卵。

4　将步骤3的材料放入蒸锅中蒸5分钟，趁热淋上步骤2的芡汁。

焗烤蟹
产贺（うぶか）加藤

材料（1人份）

调味酱…50g

圣子蟹（用盐水煮后从壳中取出蟹肉）…40g

圣子蟹的蟹卵和蟹黄或蟹膏（用盐水焯后从壳中取出，蟹卵提前处理，处理方法参照P29）…20g

米莫莱特奶酪（切碎）…3g

1　在调味酱上加入撕碎的圣子蟹肉。

2　将步骤1的材料放入圣子蟹壳中、摆上蟹黄或蟹膏、蟹卵，最后撒上米莫莱特奶酪。用烤箱烤出香味。

帝王蟹

山椒汁浇蟹

帝王蟹味道鲜美、肉质紧实，用山椒汁
调味可品尝到帝王蟹的极致美味。

海边美食：烤帝王蟹和烤乌鱼子

"烤"是能将帝王蟹的美味发挥到极致的
首选烹饪方式。
搭配乌鱼子、青海苔可以制成2种风味。

白子拌蟹肉

由于帝王蟹栖息在鳕鱼渔场，
因此也被称为鳕场蟹。
适合与鳕鱼白子一起制作料理。

葡萄柚水煮蟹

将螃蟹稍微煮过之后，
搭配酸酸的葡萄柚。

山椒汁浇蟹

产贺（うぶか） 加藤

材料（1人份）

帝王蟹足（活）…1根（100g）

汤汁（罗臼海带和鲣鱼熬制而成）…50mL

山椒、吉野葛根粉水、盐、淡口酱油…各适量

1　将山椒清净，放入盐水中快速焯水后放入碗中的笊篱里，用流水冲1个小时以去除涩味。

2　将蟹足肉（活）从壳中取出，撒上盐后用烤箱快速烤熟。

3　加热汤汁，放入切碎的山椒，加入盐、淡口酱油调成比汤底稍浓一些的味道，最后放入吉野葛根粉水勾芡。

4　将步骤2的材料装盘后浇上步骤3的芡汁。

海边美食：烤帝王蟹和烤乌鱼子

赞否两论（賛否両論） 笠原

材料（2人份）

帝王蟹（蟹足）…4根

乌鱼子…50g

蛋清…1个

盐…少量

青海苔（鲜）…1大匙

香油…1大匙

酸橘（切成两半）…1个

1　将蟹足较粗部分切成两半后剥掉一侧的壳。

2　将乌鱼子切成末。将蛋清用打蛋器打散后加入少量盐。

3　将青海苔加入香油搅拌均匀。

4　将步骤1的蟹放入烤箱中烤。烤至八分熟时，在其中2根上面涂上步骤2的蛋清液，再放上乌鱼子。在另外2根上放入步骤3的材料。

5　将步骤4的材料放入烤箱中烤至变色。装盘，放上酸橘即可。

白子拌蟹肉

产贺（うぶか） 加藤

材料（1人份）

帝王蟹（剥去含有蟹黄或蟹膏的壳后放入盐水中煮，之
后从壳里取出蟹肉※）…30g

鳕鱼白子（精巢）…20g

银馅（※）…15mL

生姜（末）…适量

盐…适量

※ 在一些料理店一般都将蟹肉和蟹味噌（体形比较大的蟹）
分开、分别加热处理。

※ 银馅：将50mL汤汁（罗臼海带和鲣鱼熬制而成）加热后放
入少量盐和淡口酱油调味，最后放入少量葛根粉水勾芡。

1 将鳕鱼白子清洗干净、放入盐水中快速焯
一下。

2 将蟹肉和步骤1的鳕鱼白子交替重叠盛到容
器中，淋上银馅、摆上生姜末即可。

葡萄柚水煮蟹

赞否两论（賛否両論） 笠原

材料（4人份）

帝王蟹蟹足…4根

葡萄柚…1个

萝卜…150g

A
太白芝麻油…2大匙
醋…3大匙
蜂蜜…1大匙
盐…1/2小匙
* 搅拌均匀。

青紫苏叶…5片

1 葡萄柚去皮、取出果肉。萝卜去皮、磨碎
之后沥干水分。

2 将步骤1的材料和食材A混合均匀。

3 将青紫苏叶切成细丝。

4 将水煮沸，放入剥壳的蟹足焯水之后放入
冰水中。沥干水分、切成一口大小。

5 放入步骤2的材料搅拌后装盘，摆上步骤
3的青紫苏即可。

海莴苣蟹肉汤

用清爽的汤汁熬制、可以充分品尝
蟹肉本身的味道。

芜菁蒸蟹

蟹肉中加入茼蒿和松茸、舞茸、
搭配芜菁制作而成。

砂锅炖白子蟹肉

将帝王蟹和鳕鱼白子放在砂锅中炖、
很是相配。

蟹肉蘑菇蒸饭

秋日里的蟹肉蘑菇蒸饭。

海莴苣蟹肉汤

产贺（うぶか） 加藤

材料（1人份）

帝王蟹（剥去含有蟹黄或蟹膏的壳、剩余部分用盐水煮，之后从壳里取出肉※）…30g

海莴苣…2g

汤底（※）…100mL

吉野葛根粉水…少量

树芽（日本胡椒幼芽）…少量

※ 在人气料理店产贺一般都将蟹肉和蟹味噌（体形比较大的蟹）分开、分别加热处理。
※ 汤底：在汤汁（罗臼海带和鲣鱼熬制而成）中放入少量酒、淡口酱油、盐调味。

1 汤底加热，放入吉野葛根粉水勾芡、之后放入海莴苣。

2 将帝王蟹肉放入烤箱中小火烤后盛到碗中，倒入步骤1的材料，摆上树芽即可。

芜菁蒸蟹

赞否两论（賛否両論） 笠原

材料（4人份）

帝王蟹…1/2个

芜菁…2个

茼蒿…1/3把

金针菇…1/2包

蛋清…1个

盐…适量

A ┌ 汤汁…300mL
  │ 淡口酱油…20mL
  └ 味醂…20mL

马铃薯淀粉水…适量

生姜（末）…10g

1 帝王蟹放入盐水煮后将蟹肉从壳中剥出。

2 只取茼蒿的叶子，放入盐水中快速焯水。之后切成大块。

3 金针菇切成3cm长的段。

4 芜菁去皮后磨碎、沥干水分。与打发好的蛋清充分混合后放入少量盐调味。

5 将步骤1、2、3的材料放入步骤4的材料中轻轻搅拌，做成适当大小的团子后放入容器中，再放入预热好的蒸锅中小火蒸15分钟左右。

6 将调料A放入锅中加热，再放入马铃薯淀粉水勾芡。

7 在蒸好的步骤5上面撒上步骤6的材料，之后撒上生姜末。

砂锅炖白子蟹肉

产贺（うぶか） 加藤

材料（1人份）

帝王蟹（剥去含有蟹黄或蟹膏的壳、剩余部分用盐水煮
后从壳里取出肉※）…30g

鳕鱼白子（精巢）…30g

油菜花（用盐水焯过）…少量

汤底（※）…50mL

吉野葛根粉水…少量

萝卜泥…20g

黄柚子皮（切成细丝）…少量

盐…适量

※ 在一些料理店，一般都将蟹肉和蟹黄或蟹膏（体形比较大
的蟹）分开、分别加热处理。

※ 汤底：在汤汁（罗臼海带和鲣鱼熬制而成）中放入少量酒、
淡口酱油、盐调味。

1　将鳕鱼白子清洗干净、放到盐水里快速
煮熟。

2　加热汤底之后放入吉野葛根粉水勾芡、加
入萝卜泥。

3　小锅中放入帝王蟹肉和步骤1的白子、油菜
花后倒入步骤2的材料，加入萝卜泥，最后将
柚子皮丝摆在蟹肉上加热即可。

蟹肉蘑菇蒸饭

产贺（うぶか） 加藤

材料（5人份）

帝王蟹（剥去含有蟹黄或蟹膏的壳，剩余部分用盐水煮
后从壳里取出的肉※）…250g

帝王蟹汁（※）…900mL

大米（淘洗干净浸泡在水中、用笊篱捞出备用）…1kg

松茸…2根

舞茸…1挂

芜菁的叶（用盐水焯、从一头横切）…适量

淡口酱油、盐…各适量

※ 在一些料理店一般都将蟹肉和蟹味噌（体形比较大的蟹）
分开、分别加热处理。

※ 帝王蟹汁：蟹肉取出、将剩下的壳（收集几个）铺在方盘
上放在烤箱里烤、烤出香味后放入锅中，加入1.5L汤汁（罗
臼海带和鲣鱼熬制而成）煮。煮沸之后撇去浮沫、小火加
热20分钟后过滤。

1　将松茸、舞茸清洗干净后切成适口大小。放
入相同分量的帝王蟹汁快速地煮后取出备用。

2　在步骤1的汤汁中加入淡口酱油和盐调味后
冷却备用。

3　将大米和步骤2的材料混合放入锅里蒸。蒸
熟之后加入步骤1的松茸、舞茸和蟹肉。最后
撒上芜菁的叶作为装饰。

炸熘帝王蟹

可以品尝到浓浓的辣椒和山椒的风味。

泡子姜白菜蟹煨面

在清汤中加入蟹汁充分体现螃蟹的鲜美。
用泡子姜来调味更是锦上添花。

番红花高脚蟹烩饭

在烩饭中加入美味的高脚蟹可充分凸显螃蟹的味道。

炸熘帝王蟹
麻布长江 香福筵 田村

材料（2人份）

帝王蟹足…2只

马铃薯粉…2大匙

银杏（剥去外壳和薄皮）…6粒

炸食品专用油…适量

色拉油…1大匙

朝天椒…20g

山椒…2g

A ┌ 笋（切成5mm见方的块）…20g
┌ 茭白（切成5mm见方的块）…15g
└ 红心萝卜（切成5mm见方的块、焯水）…15g

B ┌ 三温糖…10g
│ 酱油…15mL
│ 醋…15mL
│ 酒…10mL
│ 酒酿（※）…20g
│ 马铃薯淀粉水…8g
│ 大蒜（末）…5g
└ 骨汤…25mL
└ * 所有材料混合备用。

香菜…适量

※ 朝天椒：四川省的红辣椒。特征是形状圆润。
※ 酒酿：由糯米和酒曲发酵而成。

1　帝王蟹蒸熟、将较粗的蟹足壳切成两半（内侧）。之后在上面涂上2大匙马铃薯粉。

2　将银杏放入已加热至低温的油锅中后调高温度。炸熟后取出备用。将步骤1的蟹足放入加热至160℃的热油中，待表面变硬后取出。

3　锅中放入1大匙色拉油和朝天椒、小火炒出香味，使辣味充分融合到油中。加入山椒和A部分蔬菜翻炒，炒出香味后放入步骤3的蟹足和步骤2的银杏。将调料B全部放入锅中，大火翻炒、炒熟后装盘。加入香菜即可。

泡子姜白菜蟹煨面
麻布长江 香福筵 田村

材料（1人份）

白菜…100g

泡子姜（新生姜泡菜）…20g

A ┌ 清汤（中餐清汤）…300mL
└ 蟹汤（参照P125，用蟹壳熬制而成）…300mL

帝王蟹（蒸，从壳中取出蟹肉）…80g

中式面条…1团

盐…少量

马铃薯淀粉水…2大匙

醋…1大匙

小葱（从一头横切）…适量

※ 帝王蟹的壳、蒸完洗净备用。

1　白菜切成1cm宽的丝。泡子姜切成细丝。

2　将食材A和步骤1的白菜丝放入锅中，小火煮10分钟左右。待白菜变软后加入泡子姜、蟹肉。

3　用其他锅将面条煮至5分熟左右，沥干水分加入步骤2的材料中煮熟。待蟹味飘出后再加入少量的盐，最后加入马铃薯淀粉水勾出薄芡。

4　最后加入醋，淋在帝王蟹壳上。再撒上小葱即可。

番红花高脚蟹烩饭

比库罗雷·横滨（**ビコローレ·ヨコハマ**）佐藤

材料（2人份）

高脚蟹…1只

番红花烩饭

> 大米（不淘洗）…60g
> 高脚蟹蒸汁…300~500mL
> 番红花…0.3g
> 无盐黄油…10g＋20g
> 火葱（切成末）…5g
> 白葡萄酒…20mL
> 盐…适量

1 在2层蒸锅的下面加入3L左右的水煮沸，在上面一层放入整个高脚蟹蒸熟。取出蟹肉和蟹卵、蟹黄或蟹膏。将下层水（混合从上层流下来的蟹汁）倒出备用（用于制作烩饭）。蟹卵放入烤箱中烤使其干燥，制作成粉状备用。

2 制作番红花烩饭。500mL步骤1的蒸汁中加入番红花煮沸备用。

3 锅中放入10g无盐黄油和火葱小火翻炒。炒出香味后放入大米继续翻炒。待大米炒出光泽后加入白葡萄酒。酒精挥发之后加入步骤2的材料。加入适量热水调整大米的柔软度并加盐来调味。

4 待大米煮熟后加入蟹肉（预留出在上面摆盘用的部分），加入20g黄油。

5 将步骤4的材料装盘，加入剩下的蟹肉和蟹黄或蟹膏、撒上蟹卵粉即可。

花咲蟹·金色帝王蟹

柑橘花咲蟹

花咲蟹和柑橘很适合放在一起制作料理。
柑橘种类的丰富性也为这道菜添加了
不少乐趣。

烤蟹足

蟹肉上放入蟹卵，用蟹卵中含有的盐分来调和味
道后即可放入烤箱中烤熟。
味道鲜美、肉质紧实的蟹肉只需
简单制作就美味十足。

毛蟹

圆白菜毛蟹蒸饭

用圆白菜搭配当季毛蟹制作而成的蒸饭。
蟹味噌是最好的调味料。

柑橘花咲蟹

产贺（**うぶか**）加藤

材料（1人份）

花咲蟹（剥去含有蟹黄或蟹膏的壳、剩余部分用盐水煮，之后从壳里取出肉※）…40g

柑橘、伊予柑…各1/4个

金橘（熟透）…2个

土佐醋冻（※）…30mL

※ 在一些料理店，一般都将蟹肉和蟹味噌（体形比较大的蟹）分开，分别加热处理。

※ 土佐醋冻（容易制作的量）：将300mL汤汁（罗臼海带和鲣鱼熬制而成）、100mL米醋、50mL淡口酱油混合加热，再加入5g琼脂粉使其溶化后放到冰箱里冷藏凝固。

1 用菜刀剥去柑橘、伊予柑的薄皮后切成一口大小。金橘切成两半、去子备用。

2 将步骤1的材料和土佐醋冻混合连同蟹肉一起盛到盘中。

烤蟹足

产贺（**うぶか**）加藤

材料（1人份）

金色帝王蟹（取蟹足）…1只

金色帝王蟹的蟹卵…适量

盐…适量

酸橘…1/2个

1 将蟹足用菜刀刮去壳的一部分、放在烤箱里快速烤熟。

2 蟹卵放在盐水中浸泡10分钟左右后沥干水分。

3 取出步骤1的蟹肉、切成适口大小并放回壳中。在蟹肉上面摆上步骤2的蟹卵，再放入烤箱中烤至变色。

4 装盘，加上酸橘即可。

圆白菜毛蟹蒸饭

产贺（**うぶか**）加藤

材料（5人份）

毛蟹（剥去含有蟹黄或蟹膏的壳，剩余部分用盐水煮后从壳里取出肉※）…250g

毛蟹的蟹黄或蟹膏（带壳蒸、之后取出※）…100g

毛蟹汁（※）…900mL

大米（淘洗之后浸泡在水中、用笊篱捞出备用）…1kg

圆白菜…150g

款冬花茎…30g

米糠油、盐、日本酒…各适量

※ 在一些料理店一般都将蟹肉和蟹味噌（体形比较大的蟹）分开、分别加热处理。

※ 蟹壳蒸后、洗净、晾干备用。

※ 毛蟹汁：蟹肉取出后将毛蟹的壳（收集几个）铺在方盘上放在烤箱里烤、烤出香味后放入锅中，加入1.5L水、20mL日本酒、5cm见方的海带块一起煮。沸腾之后撇去浮沫、小火加热20分钟后过滤。

1 将毛蟹汁和大米放入蒸锅蒸熟。

2 圆白菜放入盐水中焯、之后沥干水分切成细丝。

3 将款冬花茎切碎、用米糠油炒熟。

4 在蒸好的米饭上撒上步骤2和步骤3的材料后摆上毛蟹肉和蟹黄或蟹膏，用蟹壳作为装饰。

小葱毛蟹沙拉

搭配白味噌和醋、味醂、香油
制作而成的日式沙拉。

拌毛蟹

蟹肉和味噌分开制作可最大程度
凸显螃蟹的美味。
越简单的菜肴越要注意火候的差异。

毛蟹海藻冻

产自北海道的海带、森冲的毛蟹，
搭配由罗臼海带制成的海带冻。

土豆泥蒸毛蟹

在加入蟹肉的蒸锅中倒入土豆泥
（加入蟹汁），最后摆上蟹肉。

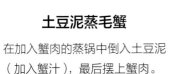

小葱毛蟹沙拉

赞否两论（贊否両論） 笠原

材料（4人份）

毛蟹…1只

小葱…1把

盐…适量

A ┌ 香油…2大匙
  │ 白味噌…2大匙
  │ 醋…3大匙
  └ 味醂…1大匙

地肤草…10g

黄柚子…少量

1　毛蟹用盐水焯后将蟹肉从壳中取出并撕碎。

2　将小葱放入盐水中焯后自然冷却。挤压出小葱黏液后将其切成3cm长的段。

3　将调料A混合均匀，加入步骤1和步骤2的材料快速拌匀。

4　将步骤3的材料盛入容器中，摆上地肤草、撒上黄柚子皮（研成末）即可。

拌毛蟹

产贺（うぶか） 加藤

材料（1人份）

毛蟹（剥去含有蟹黄（或膏）的壳，剩余部分用盐水煮、之后从壳里取出的肉※）…40g

毛蟹的蟹味噌（带壳蒸、之后取出※）…10g

紫苏花穗…适量

※ 在一些料理店一般都将蟹肉和蟹味噌（体形比较大的蟹）分开、分别加热处理。

将毛蟹肉和蟹味噌搅拌后装盘，撒上紫苏花穗即可。

毛蟹海藻冻

产贺（うぶか）加藤

材料（1人份）

毛蟹（剥去含有蟹黄或膏的壳、剩余部分用盐水煮，之
后从壳里取出蟹肉※）…60g

毛蟹的蟹黄或蟹膏（带壳蒸、之后取出※）…15g

海藻冻（容易制作的量）

- 海带汤（※）…1L
- 盐…10g
- 琼脂…20g

※ 在一些料理店一般都将蟹肉和蟹味噌（体形比较大的蟹）
分开、分别加热处理。

※ 蟹壳蒸过后、清洗干净晾干备用。

※ 海带汤：30g罗臼海带放入1L水中浸泡1日制作而成。

1 海藻冻：海带汤中放入盐加热，再加入琼
脂使其充分溶化，放入冰箱冷却凝固。

2 在毛蟹的壳上铺上海带（在海带汤中熬制
过的），摆上毛蟹肉和蟹黄或蟹膏，最后撒上
步骤1的海藻冻。

土豆泥蒸毛蟹

赞否两论（賛否両論）笠原

材料（4人份）

毛蟹…1只

- 水…800mL
- A 酒…100mL
- 海带…5g

马铃薯…2个

洋葱…1/2个

黄油…20g

盐…少量

鸡蛋…1个

- 汤汁…180mL
- B 淡口酱油…1小匙
- 味醂…1小匙

黑胡椒粉…少量

1 毛蟹放入盐水中焯后切开，分成蟹肉、蟹
黄或蟹膏、蟹壳三个部分。

2 将步骤1的蟹壳和食材A放入锅中，中火煮
30分钟之后过滤出汤汁。

3 马铃薯和洋葱剥皮后切成薄片，平底锅加
热后放入黄油使其充分化开后放入马铃薯和洋
葱，撒盐炒至蔬菜变软。

4 在步骤3中倒入步骤2的蟹汁，煮至马铃薯
完全变软后放入搅拌机中搅拌，加入盐调味。

5 加鸡蛋打散，加入调料B混合均匀、之后
过滤。

6 容器上放入适量步骤1的蟹肉（留出形状比
较好的蟹肉、用于最后摆盘）和步骤5的材料，
放入提前加热的蒸锅中，小火蒸15分钟。

7 在步骤6的混合物中倒入步骤4的混合物，
摆上提前留好的蟹肉和蟹味噌，最后撒上黑胡
椒粉即可。

白芋茎毛蟹

紧实的毛蟹搭配香脆的白芋茎、
口感超美味。

冷制奶油蟹肉饼

在炎热的夏季特别想吃的冷制奶油
蟹肉饼。
不需要油炸，在周围涂上炸过的面包屑
即可。

马卡龙毛蟹菠菜

有效利用水母的口感。
再搭配红醋冻柔和的酸味。

文思豆腐羹

切成细细的绢豆腐、撕碎的毛蟹肉、
紫菜。汇集各种细长形状的食材，
就能做成漂亮的漩涡羹。

白芋茎毛蟹
产贺（うぶか） 加藤

材料（1人份）

毛蟹（剥去含有蟹黄或膏的壳、剩余部分用盐水煮、之
　　后从壳里取出的肉※）…30g

毛蟹的蟹黄或蟹膏（带壳蒸、之后取出※）…适量

白芋茎…20g

银馅（※）…50mL

萝卜泥…适量

八方汁（※）…适量

落葵（用盐水焯）…少量

黄柚子皮末…少量

※ 在一些料理店一般都将蟹肉和蟹味噌（体形比较大的蟹）
　 分开、分别加热处理。
※ 银馅：将50mL汤汁（罗臼海带和鲣鱼熬制而成）加热后
　 放入少量盐和淡口酱油调味，最后放入少量水溶性葛粉
　 勾芡。
※ 八方汁（容易制作的量）：将800mL汤汁（罗臼海带和鲣鱼
　 熬制而成）煮开，加入80mL淡口酱油、80mL味醂。

1　将白芋茎放入含有萝卜泥的热水中煮熟后
放入冰水中沥干水分。

2　步骤1的材料放入八方汁中煮后切成3cm长
的段。

3　将毛蟹肉和步骤2的芋茎放入盘中，在蟹肉
上摆上蟹黄或膏，在芋茎上面摆上落葵。撒上
温热的银馅，最后撒上黄柚子皮末即可。

冷制奶油蟹肉饼
产贺（うぶか） 加藤

材料（1人份）

调味酱…25g

毛蟹（剥去含有蟹黄或膏的壳、剩余部分用盐水煮、之
　　后从壳里取出的肉※）…25g

毛蟹的蟹黄或膏（带壳蒸之后取出※）…10g

面包屑…适量

炸食品专用油…适量

莴苣（切成丝）…适量

※在一些料理店一般都将蟹肉和蟹黄或蟹膏（体形比较大的
　蟹）分开、分别加热处理。

1　面包屑用油炸后冷却备用。

2　在调味酱上放入毛蟹肉混合。

3　将步骤2的材料做成袋子形状，蘸上步骤1
的面包屑。

4　盘子上摆上莴苣丝，再放上步骤3的材料，
在炸蟹饼上面摆上蟹黄或蟹膏即可。

马卡龙毛蟹菠菜
麻布长江 香福筵 田村

材料（4~5个）

毛蟹…1/2个

菠菜…230g

水母（用热水焯、去除盐分）…40g

盐…适量

米醋…7mL

酱油…适量

香油…1小匙

红醋冻

清汤（中餐清汤）…175mL

淡口酱油…20mL

味醂…20mL

明胶…4g

红醋…8mL

食用菊（黄色、紫色）…各少量

1　红醋冻：锅中放入清汤淡口酱油、味醂煮至沸腾后关火，加入泡发好的明胶。待明胶溶化之后，装到贮存容器中，放到冰箱里冷却凝固。

2　步骤1的材料凝固之后，用勺子等将其剁开，加入红醋，再加入菊花花瓣。

3　毛蟹放在盐水里煮20分钟左右。从壳中取出蟹肉。剔除软骨。

4　将菠菜焯水后放入冰水中定色、沥干水分，切成末备用。

5　水母切成1cm长的段，涂上少量盐后去除水分。

6　碗中放入步骤3的毛蟹肉、步骤5的水母、米醋拌匀。

7　在另一个碗中放入步骤4的菠菜、少量盐和酱油、香油拌匀。

8　在模具中铺上步骤7的材料（1cm左右），然后铺上步骤6的材料（1cm），再一次铺上步骤7的材料（1cm）、用保鲜膜盖上之后放入冰箱里冷却。

9　将步骤8的材料脱模、之后加入步骤2的红醋冻。

文思豆腐羹
麻布长江 香福筵 田村

材料（2人份）

绢豆腐…120g（1/2块）

清汤（中餐清汤）…100mL

蟹汤（参照P125，用毛蟹的壳熬制而成）…200mL

毛蟹（用盐水焯后从壳中取出蟹肉并撕碎）…20g

紫菜（※浸泡到水中泡发后焯）…5g

盐…少量

马铃薯淀粉水…1/2大匙

香油…1大匙

※ 紫菜：中餐中常用的蓝藻类食材。

1　将绢豆腐横切成两半、豆腐和菜刀放在清水中浸泡防止粘连，一边不停地往豆腐上沾水一边从两端开始切成薄片。之后将其倾斜（防止豆腐碎掉）从两端切成细条。轻轻地将绢豆腐放入装有水的碗中。

2　锅烧热后倒入清汤、蟹汤、毛蟹肉、紫菜。加入少量盐调味后加入马铃薯淀粉水勾出薄芡。

3　将步骤1的豆腐取出沥干水分（注意不要弄碎）。在其他锅中把水烧开，轻轻地浇在豆腐上面。

4　在步骤2的锅中放入步骤3的豆腐，加入香油后倒入容器中。

5　将筷子插到容器中画圈搅拌均匀即可。

* 豆腐横切成两半之后再切时不容易碎。如果没有菜刀那就尽量选择刃比较薄的宽刀。

白芦笋蟹冻

将食材重叠摆放装盘这样就可以在食用
的过程中一点一点体验味道的变化。

巴斯克风焗烤毛蟹

在圣塞巴斯蒂安经常被制作的一道菜。
在西班牙采用一种叫作"昌格罗"（音译）的蟹来制作。

威尼斯风毛蟹沙拉

用蟹味噌制作油醋汁，味道强烈又醇厚。

白芦笋蟹冻

海罗亚（Hiroya） 福岛

材料

毛蟹…适量

白芦笋…适量

橄榄油、盐…各适量

白芦笋泥

- 白芦笋…适量
- 盐渍肉干（※）…适量
- 牛奶…适量
- 鲜奶油…适量
- 帕马森干酪（切碎）…适量

蟹汁冻（容易制作的量）

- 蟹汁 [将蟹壳放入锅中、加入日本酒和水（没过材料）煮开、之后过滤]…200mL
- 生姜（泥）…少量
- 柠檬汁…少量

明胶…1片（3.5g）

炸米干（大米煮过之后、放在室温中使其干燥、之后用热油快速地炸）…适量

小葱…少量

※ 盐渍肉干：在一块猪五花（脂肪较多的部分）上面涂上岩盐，放置6~8小时后洗掉盐分，在表面撒上胡椒粉、大蒜后放入冰箱，使其干燥到最佳状态（时间取决于肉的大小）。

1　白芦笋泥：锅中放入白芦笋和盐渍肉干，之后加入牛奶煮。煮沸之后放入搅拌机中搅拌成泥、过滤。

2　步骤1的材料中放入适量帕马森干酪和鲜奶油。

3　毛蟹蒸熟后从壳中取出蟹肉。

4　锅中倒入橄榄油后放入另外一根白芦笋翻炒。加盐、盖上锅盖加热（材料没有变色状态）。切成2cm宽的段，充分冷却备用。

5　蟹汁冻：加热蟹汁，放入生姜末和柠檬汁调味。加入用水泡发过的明胶使其充分溶化，放入冰箱冷藏凝固，做成口感极其柔和的冻。

6　在杯底放入步骤2的材料，放入步骤4的芦笋、步骤5的冻、步骤3的蟹肉，摆上小葱、撒上炸米干即可。

巴斯克风焗烤毛蟹

阿鲁道阿库（**アルド アツク**） 酒井

材料（1人份）

毛蟹…1只

橄榄油…适量

大蒜（切成末）…1/2瓣

洋葱（切成末）…100g

白兰地…适量

番茄沙司（参照P217）…20g

盐…适量

- 无盐黄油…5g
- A　面包粉…10g
- 欧芹（切成末）…适量

* 面包粉中放入欧芹、用黄油轻轻地煎。

欧芹…适量

1　毛蟹用盐水煮后从壳中取出蟹肉和蟹味噌。

2　锅中放入橄榄油后放入大蒜和洋葱翻炒，炒出香味之后放入步骤1的蟹肉和蟹味噌轻轻翻炒。倒入白兰地，待酒精挥发之后加入番茄沙司慢慢地炖。

3　将步骤2的材料放入毛蟹壳中，撒上食材A部分，之后放入200℃的烤箱中烤10分钟。

4　装盘，撒上欧芹作为装饰。

威尼斯风毛蟹沙拉

比库罗雷·横滨（ビコローレ·ヨコハマ） 佐藤

材料（1人份）

毛蟹…1只

沙拉（混合菜叶）…适量

盐…适量

A ┌ 米醋、食用调和油（※）、盐、
  └   胡椒粉…各适量

B ┌ 盐、胡椒粉、米醋、橄榄油、食用
  └   调和油…各适量

鸡蛋（煮过之后将蛋黄和蛋清分开，分别过滤成小块备
  用）…1个

欧芹（切成大一点的末）…少量

※ 食用调和油：金田油店的原创混合油。由棉籽油、米糠油、
  芝麻油和橄榄油四种油混合而成。

1 毛蟹放入盐水中焯。之后从壳中取出蟹
肉，撕碎备用。取出蟹味噌，和A部分材料混
合制作油醋汁。

2 用B部分材料调拌沙拉，盛在毛蟹的壳上。
在上面放上步骤1的蟹肉，洒上油醋汁。撒上
过滤后的蛋黄和蛋清、欧芹末即可。

梭子蟹〈渡蟹〉·锯蝤蛑

醉梭子蟹

醉梭子蟹由日本酒和梭子蟹制成。
黏糊糊的蟹肉可以吮食。

砂锅蘑菇梭子蟹

粉丝充分吸收了蟹肉和蘑菇的汤汁、
味道很特别。

泡椒年糕霸王蟹

将带壳、切开的梭子蟹炒至入味。
浓郁的发酵辣椒令人食欲大增。
口感迥异的年糕也美味十足。

梭子蟹拌素面

素面中夹杂着蟹肉、散发着浓郁的香味。

醉梭子蟹

产贺（うぶか） 加藤

材料（3人份）

梭子蟹（活）…1只（350g）

腌制材料

- 日本酒…800mL
- 三温糖…80g
- 盐…25g
- 浓口酱油…50mL
- 生姜（切成薄片）、葱叶、山椒粒
  （干燥）…各适量
- 红辣椒…2根
- ＊混合均匀。

1　将梭子蟹（活）仔细清洗，用菜刀从胸部开口纵向切成两半之后掰开，和蟹壳分离（不切开蟹壳、保留蟹味噌和卵巢）。之后洗净、去除水分。

2　将步骤1的材料全部浸泡到腌制材料中（用盘子等盖上、使螃蟹完全浸泡到液体中。如图片1、2）。一周之后可以食用（腌制的时间越久越美味，蟹肉也会随之融化）。

3　将步骤2的蟹足从底部切开一分为二，之后调整形状装盘。

＊ 通常情况下螃蟹要尽量浸泡到液体中。如果暴露在液体外面，容易从露出的地方就开始腐烂。

＊ 建议剪掉蟹螯的刺，防止用手拿的时候受伤。

砂锅蘑菇梭子蟹

麻布长江 香福筵　田村

材料（3人份）

梭子蟹…1只

干蘑菇

- 干舞茸（用水泡发，300mL的泡发汁也保留备用）…30g
- 干燥夏草花（※用水泡发）…15g
- 干燥牛肝菌（用水泡发）…20g
- 干燥金耳（黄木耳。用水泡发）…30g

干粉条（用水泡发）…60g

大葱…40g

马铃薯粉、色拉油…各适量

A
- 葱油（葱放入油中加热而成）…2大匙
- 生姜（末）…2大匙

B
- 酒…1大匙
- 酱油…5mL
- 蚝油…10mL

小葱（从一端横切）…适量

※ 夏草花：人工栽培的蘑菇、类似于冬虫夏草。

1　从梭子蟹嘴插入一根扦子后固定。之后剥去腹部的壳、去除蟹鳃后、切成6~8块。蟹螯也切成适口大小。在每个横切面上涂满马铃薯粉。

2　将比较大的干蘑菇切成适口大小。大葱斜切成薄圈。

3　将适量色拉油放入锅中加热至200℃，放入步骤1的螃蟹、炸至表面变硬后捞出。蟹壳放入油中炸后取出备用。

4　将干燥的蘑菇和粉丝放入沸水中煮。

5　陶锅中放入食材A炒出香味。放入300mL泡发蘑菇汁和步骤4的全部蘑菇和粉丝，小火炖至蘑菇飘香。加入步骤3的螃蟹和大葱再炖5分钟左右。

6　待蟹味飘出后，用B部分材料调味即可出锅。装盘，摆上蟹壳、撒上小葱即可。

泡椒年糕霸王蟹

麻布长江 香福筵　田村

材料（2~3人份）

梭子蟹…1只（500g左右）

年糕…50g

小根蒜…30g

泡朝天椒（腌制朝天椒）…16个

马铃薯粉、色拉油…各适量

```
┌ 酒酿（※）…50g
│ 泡辣椒（※泥）…20g
A 生姜（切成末）…15g
│ 大蒜（泥）…10g
└ 豆瓣老油（四川菜的香味油）…25mL
```

高汤（骨汤）…200mL

大葱（末）…4大匙

米醋…20mL

※ 酒酿：糯米和酒母发酵、制作而成的天然调味料。
※ 泡辣椒：在四川料理和湖南料理中常常被使用，经过发酵的辣椒调味料。

1　从梭子蟹的嘴部插入一根扦子固定。之后剥去腹部的壳、去除蟹鳃后切成6~8块。蟹螯也切成适口大小。在每个横切面上涂满马铃薯粉。

2　将小根蒜斜切成4cm长。

3　将适量色拉油放入锅中加热至200℃，放入步骤1的螃蟹，待表面炸至变硬后马上捞出。蟹壳也放入油中炸后取出备用。

4　锅中放入少量色拉油后放入材料A用小火炒。待炒出香味后、倒入毛汤、再放入步骤3的螃蟹。盖上锅盖、小火炖3～4分钟（不停搅拌防止煳锅）。

5　打开锅盖加入年糕、小根蒜、泡朝天椒、大火收汁。

6　加入大葱和米醋，装盘，摆上蟹壳即可。

梭子蟹拌素面

赞否两论（賛否両論）笠原

材料（2人份）

梭子蟹…1只

素面…2把

```
┌ 香油…2大匙
│ 酱油…2小匙
A 味醂…2小匙
└ 生姜（末）…1/2小匙
```

芽葱…1包

柠檬…1/2个

盐…适量

1　梭子蟹用盐水煮熟，从壳中取出蟹肉。

2　将素面煮熟后放入冷水中，之后沥干水分。

3　将步骤1和步骤2的材料混合，用材料A拌匀。

4　将步骤3的材料装盘，放入芽葱，摆上柠檬片即可。

梭子蟹汤

蟹壳熬制出来的汤汁中加入蔬菜、海带，之后放入蟹味噌、酱油、味醂调味，制作出美味日式汤汁。

番茄酱梭子蟹

番茄酱搭配梭子蟹，简单又美味。

冷制梭子蟹天使面

将西西里特拉帕尼的杏仁、番茄、罗勒、大蒜等
混合制作成糊，再搭配蟹肉、做成冷制意面。

梭子蟹山椒塔塔酱

对于蟹爪来说，炸过之后食用比直接食用更加美味。
搭配山椒塔塔酱口感更佳。

葛豆腐梭子蟹

很有嚼劲的梭子蟹搭配软糯的葛豆腐
十分相配。

梭子蟹汤

赞否两论（賛否両論） 笠原

材料（4人份）

梭子蟹…2只	**蒸面包**
盐…适量	低筋面粉…350g
洋葱…1个	泡打粉…1大匙
番茄…1个	┌ 牛奶…150mL
色拉油…1大匙	C 蛋清…50g
┌ 水…1L	└ 细砂糖…50g
A 酒…200mL	香油…1大匙
└ 海带…5g	黑胡椒碎…少量
┌ 味噌…1大匙	
B 浓口酱油…1大匙	
└ 味醂…1大匙	

1　梭子蟹用盐水煮熟，从壳中取出蟹肉。蟹壳切成大块。

2　将洋葱和番茄切成薄片。

3　锅中倒入色拉油，将步骤1的蟹壳和步骤2的材料放入锅中炒，待香味飘出后，放入食材A，中火煮30分钟。

4　步骤3的材料中放入材料B调味后过滤。

5　蒸面包：碗中放入低筋面粉和泡打粉，混合均匀后放入材料C揉匀。可以加入低筋面粉（分量外）适当调整软硬程度。揉成面团之后加入香油继续揉。

6　将步骤5的材料用保鲜膜包好，常温醒发30分钟。

7　将步骤6的面坯做成适口大小的团之后摆在方盘上，放入蒸锅中大火蒸12分钟。

8　将步骤1的蟹肉放到容器中，倒入步骤4的材料，撒上黑胡椒碎。再摆上步骤7的蒸面包。

番茄酱梭子蟹

比库罗雷·横滨（ビコローレ·ヨコハマ） 佐藤

材料（1人份）

斜切短通心粉	红辣椒…2g
（干燥）…70g	白兰地…20mL
梭子蟹（活）…1只	白葡萄酒…20mL
（350g）	番茄酱…300g
橄榄油…适量	盐…适量
大蒜（末）…8g	

1　梭子蟹剥去外壳，取出蟹味噌备用。去除蟹鳃后带壳切成大块。将蟹足的外壳纵向切开备用。

2　平底锅加热，放入橄榄油、大蒜、红辣椒，待炒出香味后放入步骤1的螃蟹和蟹味噌继续炒。蟹味飘出后，倒入白兰地再将其点燃。之后加入白葡萄酒，待酒精挥发后，加入番茄酱炖10分钟左右。

3　将通心粉放入盐水中煮熟后放入步骤2的材料中拌匀，装盘。最后摆上煮过的蟹壳。

冷制梭子蟹天使面

比库罗雷·横滨（ビコローレ·ヨコハマ） 佐藤

材料（4人份）

天使面（干）…240g

梭子蟹…1只

卵磷脂…适量

盐…适量

<u>新鲜番茄杏仁沙司</u>（容易制作的量）

- 番茄…2个
- 罗勒叶（切成末）…5片
- 大蒜（去掉芯之后切成末）…1/4瓣
- 番茄酱…10g
- 盐、橄榄油…各适量
- 杏仁（烤过的薄片）…30g

1 梭子蟹蒸熟，从壳中取出蟹肉和蟹味噌，将蟹肉撕碎备用（蟹壳留好备用）。

2 新鲜番茄杏仁沙司：将番茄去皮，撒上少许盐、放在毛巾纸上放置1个小时左右，轻轻沥干水分。用菜刀拍成大块后加入罗勒叶末、大蒜和番茄酱拌匀。一边放入碎杏仁一边加入盐和 橄榄油调味。

3 锅烧热后，放入步骤1的蟹壳、水、同时加入蟹味噌。取出过滤后的汤汁，加入卵磷脂，用搅拌机打成泡沫状。

4 将天使面放入盐水中煮熟后放入冰水中，沥干水分。

5 在步骤1的蟹肉上面加入适量步骤2的沙司，放入步骤4的材料拌匀、装盘。摆上蟹壳、加入步骤3的泡沫。

梭子蟹山椒塔塔酱
产贺（うぶか） 加藤

材料（1人份）

梭子蟹足（用盐煮之后将肉取出）…2个

盐、胡椒粉…各少量

鸡蛋…1个

面粉、面包糠…各适量

炸食品专用油…适量

山椒塔塔酱（参照P268）…20g

莴苣（切成丝）…适量
酸橘…1/2个

1 在蟹肉棒上面撒上盐、胡椒粉后按顺序粘上面粉、蛋液、面包糠放入锅里炸。

2 将步骤1的材料装盘，摆上莴苣和酸橘、加入山椒塔塔酱。

葛豆腐梭子蟹
产贺（うぶか） 加藤

材料（1人份）

梭子蟹（剥去含有味噌的壳、剩余部分用盐水煮后从壳中取出蟹肉※）…20g

梭子蟹的蟹味噌（带壳蒸后取出※）…少量

葛豆腐（使用一个模具制作，约16人份）

- 豆乳…700mL
- 水…50mL
- 吉野葛粉…80g

高汤（※）…25mL

银杏（直接炸）…适量

※ 一般都将蟹肉和蟹味噌（体形比较大的蟹）切分后分别加热处理。
※ 高汤：由50mL的汤汁（用罗臼海带和鲣鱼熬制而成）、10mL的味醂、10mL的淡口酱油混合而成。

1 葛豆腐：将吉野葛粉和同等分量的水混合、搅拌均匀之后放入豆乳，充分融合之后过滤放入锅中用中火加热，并用木铲不停搅拌。凝结成块之后继续用小火熬。最后倒入模具中，放入冰箱中冷藏凝固。

2 将步骤1的材料切成1人份装入容器中，之后放上梭子蟹肉和蟹味噌，放入烤箱中小火烤制。撒上银杏、淋入高汤即可。

软壳蟹

锅巴炸软壳蟹

将番红花米和黑米包裹在螃蟹外面、
不仅增添了酥脆的口感，颜色也非常亮眼。

咸蛋软壳蟹

在咸鸭蛋加入炼乳和调味料制作而成的
沙司跟炸蟹很相配。

蟹味噌

帝王蟹味噌

这是帝王蟹味噌最美味的吃法。

赛咸蛋

从图片中能看到的蛋黄部分，是加入了
蟹味噌和卵巢的南瓜泥。蛋清的部分、
是以山药为主制作而成的泥。

锅巴软炸壳蟹

麻布长江 香福筵 田村

材料（2人份）

软壳蟹（解冻）…2只

干燥番红花米饭（※）…50g

干燥黑米（※）…10g

炸食品专用油…适量

面糊

┌ 低筋面粉…10g

│ 水…15mL

└ * 混合

※ 干燥番红花米饭：将米饭蒸熟后加入番红花调色。待大米变软之后薄薄地平铺在方盘上，使水分蒸发。

※ 干燥黑米：待黑米变软之后薄薄地平铺在方盘上使水分蒸发。

1 将软壳蟹去除水分之后涂上<u>面糊</u>（图片1），之后再粘上2种干燥米饭（图片2、3）。

2 将步骤1的材料放入加热至160℃的油中，加热软壳蟹的同时使干燥米饭膨松酥脆。

3 将步骤2的材料放入容器中，撒上调味盐即可。

咸蛋软壳蟹

麻布长江 香福筵 田村

材料（2人份）

软壳蟹（※解冻。本栏下方）…2只

玉米粉…适量

炸食品专用油…适量

咸蛋沙司（容易制作的量）

┌ 咸蛋（中国的咸鸭蛋）…2个

│ 无糖炼乳…60g

│ 咖喱粉…1/6小匙

│ 孜然粉…1/6小匙

│ 姜黄…1/6小匙

│ * 如果是生咸蛋就蒸20分钟左右后剥壳。如果是熟咸蛋就

└ 直接剥壳。将所有材料放入搅拌机中搅拌至呈糊状。

※ 软壳蟹并不是特定的螃蟹的名字、是作为食材的名字。是指脱皮之后新壳还处在柔软状态的螃蟹。美国青蟹和东南亚的梭子蟹等梭子蟹科的螃蟹也常常被使用。

1 将软壳蟹去除水分后全身涂上玉米粉。

2 将步骤1的材料放入加热至160℃的油中充分地炸至表面变得酥脆。

3 取适量咸蛋沙司放入碗中，之后将碗放入开水中。一边加热一边不停搅拌直至变得黏稠。

4 将步骤3的沙司铺在容器上，再放入步骤2的材料。

帝王蟹味噌

产贺（うぶか）加藤

材料（6人份）
帝王蟹（取生蟹黄或蟹膏）…1只
日本酒（经过发酵）…蟹味噌重量的10%
鸡蛋…1个
淡口酱油…适量
七味粉…少量

1　将帝王蟹蟹黄或蟹膏放入锅中，加入日本酒和鸡蛋，开小火用刮刀揉匀。
2　当步骤1的材料开始一点点变硬可以附在刮刀上之后加入淡口酱油调味，冷却备用。
3　装盘，撒上七味粉即可。
＊如果不使用小火加热口感会略差。

赛咸蛋

麻布长江 香福筵　田村

材料（8~10个）

蛋清部分	蛋黄部分
山药…400g	南瓜泥（※）…60g
无糖炼乳…30g	上海蟹的蟹膏…80g
白砂糖…10g	明胶…5g
盐…2g	
明胶…10g	

※ 南瓜泥：将整个南瓜放入预至热150℃的烤箱中烤1小时30分左右。待烤干水分后，去除子和皮，过滤。

[蛋清部分]

1　将山药去皮蒸20分钟。明胶放入水中浸泡备用。
2　将步骤1的山药、无糖炼乳、白砂糖、盐放入食品料理机中搅拌至呈糊状。
3　明胶沥干水分放入碗中，将碗加热使其充分溶化，放入步骤2的食品料理机中，搅拌均匀。

[蛋黄部分]

4　将明胶放入水中浸泡后，沥干水分放入碗中加热使其溶化。
5　碗中放入南瓜泥和蟹味噌、蟹膏、加入步骤4的明胶充分混合。
6　将步骤5的材料做成蛋黄大小的团（制作8~10个），放入冰箱里冷藏凝固。

[最后加工部分]

7　将步骤3的材料倒入蛋形模具中，中间加入步骤6的材料，合上模具订好，放到冰箱冷藏1日冷藏凝固。
8　待步骤7的材料凝固后将蛋形模具浸泡在温水中，取出中间的食材，最后纵向切成两半即可。

秃黄油菊花饭

金秋时节"菊黄蟹肥"（菊花开的时候，也正是螃蟹最肥美的时节）、
螃蟹和菊花的组合是标配。在这里、撒上菊花的米饭搭配上海蟹油、
蟹味噌和卵巢、蟹醋一起食用。

蟹黄酥饼

用上海蟹黄和蟹肉制作成馅，
包入面皮做成小酥饼。

秃黄油菊花饭
麻布长江 香福筵 田村

材料（2~3人份）

米（淘好备用）…360mL

食用菊…15g

上海蟹蟹油（※）…40mL

盐…1/2小匙

上海蟹蟹黄（上海蟹蒸过之后取出）…30g

蟹醋（用酱油和镇江黑醋以1:3的比例
   混合而成）…20mL

生姜（切成细丝）…少量

※ 上海蟹蟹油：用上海蟹的蟹壳和米糠油（色拉油和大豆油
也可以）放入锅中小火煮，煮至入味后过滤。

1　将食用菊放入400mL的沸水中，关火后盖上锅盖。闷至15分钟左右使其充分入味，过滤即为菊汁。

2　将冷却的菊汁（步骤1）和大米放入陶锅中煮。煮熟之后撒上菊花花瓣（分量外）备用。

3　将上海蟹蟹油放入小锅中，放入1/2小匙盐加热。之后倒入容器中。

4　将蟹黄、蟹醋也分别放入容器中。在蟹醋中提前加入生姜丝。

5　在步骤2的米饭上加入步骤3和步骤4的材料。在煮好的饭上根据自己的喜好放入步骤3和步骤4的材料后拌匀食用（图片1）。

1

蟹黄酥饼
麻布长江 香福筵 田村

材料（10个）

面坯

水油皮

　低筋面粉…36g

　高筋面粉…36g

A　猪油…22g

　白砂糖…9g

　水…35mL

油皮

　低筋面粉…50g

　猪油…25g

上海蟹蟹黄馅

　上海蟹蟹黄（上海蟹蒸过之后
　取出）…120g

　胡萝卜（泥）…60g

　盐…4g

　清汤（中国菜清汤）…50mL

　海藻糖…6g

　玉米粉…17g

　炸食品专用油…适量

[面坯]

1　水油皮：将低筋面粉和高筋面粉过筛使面粉更加膨松、细腻。之后将A部分材料放入碗中混合均匀后放到面板上继续揉。

2　待步骤1的材料揉为一个面团，在面板上摔打使其更加均匀，待表面变得光滑之后放入塑料袋，之后放入冰箱里醒发30分钟。

3　油皮：将低筋面粉过筛备用。之后在碗中放入低筋面粉和冷却的猪油，用手掌不停地揉直至揉匀。

4　将步骤2的水油皮轻轻地展开、放上步骤

3的油皮、包好。在面板上撒上面粉，放上包好的面坯、用擀面杖擀成长方形。之后撒上面粉、将其折成3层。

5 将步骤4的面坯旋转90度、再次拉成长方形、旋转90度折3次、拉成一个薄薄的正方形。撒上面粉、喷雾使其表面变湿润。

6 将步骤5的材料卷成一个卷，用保鲜膜包好，放入冰箱中冷藏1个小时左右。

7 使用刀具、将步骤6的面坯从一端切成15g（每个）的剂子（不要将横断面压扁）。将切好的剂子放到常温下醒发、之后用手掌轻轻地压扁，然后用擀面杖擀成直径为6～7cm的面皮。

[上海蟹蟹黄馅]

8 将制作馅的材料全部混合放入锅中小火煮。一边煮一边不停地搅拌，沸腾之后取出冷却。冷却之后做成每个20g的团。

[包馅]

9 在步骤7的面皮上摆上步骤8的材料、封口。
10 封口朝下，用两手将面团旋转做成圆形。

[油炸]

11 在笊篱上摆上10个面团，放入加热至160℃的油中，使表面变硬，之后调低温度，用小火慢慢炸。

12 待面团表面炸至成形后调高温度，之后取出。

13 放入加热至200℃的烤箱中烤2～3分钟，沥干油之后装盘。

皮皮虾

醋浸莼菜皮皮虾

用清爽的土佐醋搭配口感劲道的皮皮虾
和水嫩的莼菜。

皮皮虾蒸饭

蒸饭的口感和皮皮虾很相配。

沙拉野菜皮皮虾

将皮皮虾和应季野菜相搭配，
用山椒调味料调味。

脆皮虾

将春卷皮切成细丝之后用油炸，之后放在
皮皮虾的周围、制作成简单的春卷。

醋浸莼菜皮皮虾
产贺（うぶか）加藤

材料（1人份）
皮皮虾（带籽）…1只
莼菜…50g
土佐醋（※）…适量
紫苏花穗…1根
盐…适量

※ 土佐醋（容易制作的量）：300mL汤汁（罗臼海带和鲣鱼熬制而成）、100mL米醋、50mL淡口酱油混合而成。

1　将皮皮虾放入盐水（浓度为2%）中煮5分钟后用笊篱捞出，放入冰盐水（浓度为2%）冷却。沥干水分、从壳中取出蟹肉。从背部纵向切开。
2　莼菜放入盐水（少量盐）中焯，变成鲜艳的绿色之后放入冰水中。冷却之后沥干水分。
3　将步骤2的莼菜放入容器中，摆上步骤1的皮皮虾（切成两半），淋上土佐醋、撒上紫苏花穗即可。

皮皮虾蒸饭
产贺（うぶか）加藤

材料（1人份）
皮皮虾（带籽）…1只
道明寺粉（糯米经水浸蒸熟，经干燥、粗磨制成的食
　品）…30g
皮皮虾汁（※）…适量
盐…适量
淡口酱油…少量
味醂…少量
吉野葛粉…适量
树芽（日本胡椒幼芽）…适量

※ 皮皮虾汁：皮皮虾用盐水蒸熟取出虾肉，将虾头和适量虾壳放入锅中，倒入没过材料的水、加入少量日本酒加热。沸腾之后撇去浮沫，小火加热20分钟后过滤。

1　将皮皮虾放入盐水（浓度为2%）中煮5分钟。之后用笊篱捞出、放入冰盐水（浓度为2%）冷却。沥干水分、从壳中取出蟹肉。从背部纵向切开。
2　碗中放入道明寺粉，加入等量的皮皮虾汁，盖上保鲜膜备用。
3　待道明寺粉吸收汤汁膨胀之后将其放入容器中，在上面摆上步骤1的皮皮虾肉、放入蒸锅中蒸10分钟。
4　将皮皮虾汁放入锅中，加入盐、淡口酱油、味醂调味，用水溶性吉野葛粉勾芡。
5　步骤3的材料蒸好之后、洒上步骤4的汤汁，摆上树芽即可。

沙拉野菜皮皮虾

麻布长江 香福筵 田村

材料（2人份）

皮皮虾（煮过之后从壳中取出）…6只

A ┌ 水芹…10g
　├ 野油菜…5g
　├ 香根芹…3g
　└ 石龙芮…5g

油菜花（开花部分）…适量

色拉调料

┌ 盐…6g
├ 酱油…6mL
├ 绍兴酒…20mL
├ 黑醋…6mL
├ 香油…40mL
├ 藤椒油（※）…30mL
└ 花椒粉…少量

※ 藤椒油：将生的藤椒放入菜籽油中、低温慢慢熬干制成的油。在四川料理中经常被使用。

1　将食材A全部切成适口大小，洗净之后沥干水分。

2　将色拉调料混合均匀。

3　在碗中放入步骤1的材料和皮皮虾，用步骤2的色拉调料拌匀。

4　将步骤3的材料盛到容器中，撒上油菜花即可。

脆皮虾

麻布长江 香福筵 田村

材料（4只）

皮皮虾（煮过之后从壳中取出）…4只

春卷皮（切成细丝）…2片

A ┌ 姜片（用甜醋腌制。切成细丝）…4g
　├ 小蒜（切成细丝）…6g
　├ 茗荷（切成细丝）…2g
　└ 生姜（切成细丝）…2g

B ┌ 酱油…4mL
　├ 醋…8mL
　└ 芝麻酱…4g

炸食品专用油…适量

1　将切成细丝的春卷皮放入加热至160℃的油中炸出香味。

2　皮皮虾中放入A和B的材料拌匀（图片1）。

3　在皮皮虾（步骤2）的周围轻轻地撒上步骤1的材料（图片2、3）装盘。

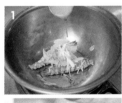

乌贼

枪乌贼

青豌豆煮枪乌贼

青豌豆和马铃薯融入了乌贼的鲜味，
口感非常棒。

乌贼圈三明治

乌贼圈面包三明治。在马德里有
专卖店，在年轻人中非常有人气。

烤乌贼

将具有特色香气的蔬菜放入乌贼中烤。
里面放有蔬菜，所以烤过之后很香嫩。

乌贼汁沙司搭配乌贼条

将乌贼切成细丝后制成意面形状。
将乌贼放入已经停止加热的蒜油中，用余温使其变软。

青豌豆煮枪乌贼

阿鲁道阿库（**アルド アツク**）酒井

材料（1盘）

枪乌贼（清洗内脏、切成适口大小）…1只

马铃薯（去皮切成一口大小）…150g

青豌豆（去皮）…100g

橄榄油…15mL

大蒜（切成末）…1瓣

洋葱（切成末）…100g

鱼汤（参照P202）…100mL

青豌豆汁（※）…100mL

月桂叶…1片

番茄沙司（参照P217）…30g

彩椒粉…5g

盐…适量

※ 青豌豆汁：将青豌豆荚（100g取出果实之后的豌豆荚）和
1L水混合、煮30分钟之后过滤。

1 锅中放入橄榄油，加入大蒜和洋葱炒出香
味后，加入枪乌贼和马铃薯块快速地炒。

2 在步骤1的材料中加入鱼汤和青豌豆汁，加
入月桂叶煮15分钟左右。

3 在步骤2中放入青豌豆、番茄沙司、彩椒
粉、盐继续煮15分钟左右。

乌贼圈三明治

阿鲁道阿库（**アルド アツク**）酒井

材料（4人份）

枪乌贼…500g

盐…适量

柠檬汁…适量

包裹材料

鸡蛋…2个

牛奶…100mL

低筋面粉…125g

＊ 混合均匀。

炸食品专用油（橄榄油）…适量

面包…适量

1 将乌贼足切下（用于制作其他菜肴）后清
洗内脏、剥去躯干的皮，切成圈。

2 在步骤1的乌贼躯干上撒上盐，淋入柠檬
汁，蘸上包裹材料，放入烧至180℃的油中炸。

3 将步骤2的材料夹入面包中。

烤乌贼

海罗亚（Hiroya） 福嵩

材料（1人份）

枪乌贼…1只

┌ 大葱…适量

│ 香菇…适量

A 水芹（切成大块）…适量

│ 油菜花（切成大块）…适量

└ 洋葱泥（※）…适量

橄榄油…适量

盐、胡椒粉…各适量

葡萄酒醋、白兰地…各适量

菊苣…适量

甘蓝（高温油炸）…适量

盐渍肉干（※）…适量

※ 洋葱泥：将洋葱带皮整个放入烤箱中烤，剥皮放入搅拌机中搅拌成泥。

※ 盐渍肉干：在一块猪五花（脂肪较多的部分）上面涂上岩盐，放置6~8时后洗掉盐分，在表面上覆盖上胡椒粉、大蒜，放入冰箱后使其干燥到最佳状态（时间取决于肉的大小）。

1　起锅放入橄榄油，将食材A中的大葱和香菇切成适当大小，放入平底锅中快速炒，加入盐、胡椒粉再加入少许葡萄酒醋提升酸味。之后将其他的A部分材料一起放进去备用。

2　将乌贼的内脏清洗干净，分成躯干（带鳍）和乌贼足两个部分。

3　在步骤2的躯干中放入步骤1的混合物、乌贼足一起加入少许盐、涂上橄榄油，放入预热好的平底锅中大火快速将表面炒至变色。淋上白兰地和橄榄油，放入烤箱中烤4分钟左右（时间根据乌贼大小来决定）。

4　起锅加入橄榄油，放入乌贼的肠轻轻地炒后切成细丝，放入生的菊苣拌匀。再加入步骤3烤出的汁搅拌均匀。

5　将步骤4的材料放到容器上。将步骤3的乌贼躯干和鳍切开，和乌贼足一并装盘。撒上炸好的甘蓝和切成薄片的盐渍肉干。

乌贼汁沙司搭配乌贼条

阿鲁道阿库（**アルド アツク**） 酒井

材料（1人份）

枪乌贼（清洗之后剥皮的躯干）…60g

┌ 大蒜（切成末）…1/2瓣

│ 橄榄油…10mL

A 白葡萄酒…10mL

└ 盐…适量

乌贼汁沙司（容易制作的量）

┌ 洋葱（切成末）…600g

│ 大蒜（切成末）…2粒

│ 去皮整番茄（罐装）…200g

│ 乌贼汁…100mL

│ 白葡萄酒…300mL

└ 橄榄油…20mL

薄荷叶…适量

大蒜蛋黄酱（容易制作的量）

┌ 大蒜…1瓣

│ 橄榄油…50mL

│ 蛋黄酱…100g

└ * 将大蒜去皮后放入容器中一边用捣蒜器捣一边少量多次加入橄榄油使其乳化，之后放入蛋黄酱混合均匀。

1　乌贼汁沙司：锅中放入橄榄油，放入大蒜末和洋葱末翻炒，待炒出香味后加入去皮整番茄和乌贼汁、白葡萄酒煮30分钟左右，直至煮成糊状。

2　枪乌贼切成细丝。

3　锅中放入A部分的大蒜和橄榄油加热，香味飘出后，加入白葡萄酒和盐混合使其乳化。之后加入步骤2的乌贼，关火，用余热再闷一会。

4　在容器上铺上步骤1的乌贼汁沙司，放上步骤3的乌贼、撒上薄荷叶，加入适量大蒜蛋黄酱即可。

乌贼须拌面

用香味酱油和大葱沙司调味后将所
有材料拌匀、制作完成。

炭烤乌贼

用烤海苔简单制作而成的海苔酱油。
很适合搭配烤至半熟的乌贼。

香味炝中卷

以蚝油为主的调味汁搭配清香的蔬菜，
用橘子的甘甜味与乌贼相搭配。
乌贼不要煮太长时间。

竹笋乌贼

用2种食材制作就可以享受多种口感和
味道的菜肴。

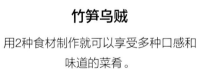

乌贼须拌面

麻布长江 香福筵 田村

材料（1盘）

枪乌贼⋯1只

中式面条⋯1团

香味酱油（容易制作的量）

- 白砂糖⋯5g
- 水⋯175mL
- 酱油⋯50mL
- 香菜茎⋯4g
- 海米⋯4g
- 鲇鱼酱⋯15g

大葱沙司

- 大葱（切成末）⋯3大匙
- 生姜（切成末）⋯1小匙
- 葱油（葱和油加热制作而成）⋯2大匙
- 盐、酱油、醋⋯各少量

鱼子酱⋯适量

1　香味酱油：将白砂糖、同等分量的水、酱油混合后使其沸腾，关火，加入香菜茎、海米。冷却之后放入鲇鱼酱放置一晚上后过滤。

2　大葱沙司：在耐高温碗中放入大葱和生姜备用。在锅中将葱油加热至180℃之后放入碗中。之后加入盐、酱油、醋调味。

3　枪乌贼去除足后清洗内脏。剥去躯干的皮之后用流水洗净后沥干水分。

4　将步骤3的乌贼切成细面条状。

5　将面条煮熟。之后沥干水分放入碗中，加入步骤1的香味酱油（3大匙）拌匀。

6　将步骤5的材料盛到容器中，摆上步骤4的乌贼、步骤2的大葱沙司、鱼子酱。食用时，将全部材料混合均匀。

炭烤乌贼

赞否两论（賛否両論） 笠原

材料（2人份）

枪乌贼⋯1只

茗荷⋯2个

小葱⋯3根

青紫苏叶⋯5片

萝卜芽⋯1/3包

海苔酱油

- 烤海苔⋯2片
- A ┌ 酒⋯60mL
  ├ 汤汁⋯60mL
  ├ 浓口酱油⋯80mL
  └ 味醂⋯20mL

芥末（泥）⋯少量

酸橘⋯1个

1　海苔酱油：烤海苔撕碎后放入锅中，加入食材A，浸泡10分钟左右使其膨胀。

2　将步骤1的材料小火煮5分钟左右后冷却备用。

3　将茗荷、小葱从一端切开，青紫苏叶切成细丝、萝卜苗切成1cm长的段。混合后用流水冲洗后沥干水分。

4　将枪乌贼切开之后进行清洗。躯干剥皮切开。

5　将步骤4的材料直接烘烤至半熟状态，切成一口大小。

6　将步骤5的材料装盘，加入步骤3的材料、芥末泥、酸橘、步骤2的海苔酱油即可。

香味炝中卷

麻布长江 香福筵 田村

材料（2～3人份）

枪乌贼…3个

A ⎰ 葱油（葱和油放入锅中加热制作
 而成）…1/2大匙
 蚝油…1大匙

B ⎰ 清汤（中餐的清汤）…200mL
 酒…1大匙
 酱油…1大匙

C ⎰ 水芹（从粗茎上摘下细茎和叶）…1把
 香菜（切成4cm宽）…5g
 水芹（切成4cm宽）…5g
 生姜（切成细丝）…2g

盐、醋…各少量

葱油…1大匙

橘子（剥皮取出果肉）…1/2个

1 将枪乌贼去掉乌贼足及内脏，洗净。躯干剥去外皮（鳍的部分保留），切成1.5cm宽的圈，一边捋顺吸盘一边用水清洗，之后切成一口大小。

2 将步骤1的乌贼足和躯干放入沸水中快速地焯水。

3 锅中放入A部分材料用小火炒。待飘出香味后，放入食材B和步骤2的材料、小火煮3分钟。

4 碗中放入食材C。加入少量盐和醋拌匀。锅中放入1大匙葱油加热至180℃后放入碗中的蔬菜、炒出香味。将全部材料拌匀、加入橘子。

5 将步骤3的材料盛到容器中，摆上步骤4的材料。

竹笋乌贼

赞否两论（賛否両論）笠原

材料（4人份）

枪乌贼…1只

新竹笋…2根

A ⎰ 汤汁…600mL
 酒…50mL
 淡口酱油…50mL
 味醂…50mL

B ⎰ 香油…3大匙
 浓口酱油…1大匙
 味醂…1大匙

树芽（日本胡椒幼芽）…适量

盐…适量

1 将竹笋焯水、去除涩味后放入A部分材料中煮使其充分入味。

2 将枪乌贼切开后清洗干净，躯干剥皮斜切成适口大小的细条。枪乌贼足用盐水煮熟备用。

3 将竹笋尖切成弧形、竹笋根部和B部分材料一起放入搅拌机中搅拌成糊状。

4 将步骤2和步骤3的材料装盘、再放上树芽即可。

月冠蒸饭

在乌贼圈里面装满上等的蒸糯米。

撒上柚子皮、香气宜人。

剑先乌贼

肉馅乌贼

用山里和海里的食材搭配制作西班牙风味菜肴。

乌贼中塞入了肉馅、美味不可抵挡。

番茄炖乌贼饭

意式乌贼饭。搭配刺山柑番茄沙司。

月冠蒸饭
赞否两论（賛否両論）笠原

材料（4人份）
小枪乌贼…4只

糯米…0.3升

A
┌ 酒…240mL
└ 粗盐…1/2小匙

B
┌ 水…1L
│ 海带…5g
│ 淡口酱油…3大匙
│ 味醂…3大匙
└ *混合

黄柚子皮…少量

1　将糯米洗净、浸泡3个小时以上，用笊篱捞出、沥干水分。

2　将步骤1的材料放入铺有棉布的笼屉上，再放入提前预热的蒸锅中中火蒸30分钟。

3　将步骤2的材料从蒸锅中取出加入A部分材料混合均匀，再次放入蒸锅中蒸15分钟。

4　将乌贼去除乌贼足和内脏后清洗干净，放入食材B中浸泡30分钟。

5　将步骤4的材料沥干水分，中间放入步骤3的材料，放入蒸锅中蒸10分钟。

6　将步骤5的材料切成适口大小之后装盘，撒上磨碎的柚子皮。

肉馅乌贼
阿鲁道阿库（**アル ド アック**）酒井

材料（容易制作的量）
剑先乌贼…1只

填充物
┌ 猪肉末…80g
│ 欧芹（切成末）…适量
│ 大蒜（切成末）…1/2瓣
│ 盐…1g
└ 胡椒粉…适量

橄榄油…5mL

盐…适量

A
┌ 大蒜…1/2瓣
│ 洋葱（切成小块）…20g
└ 月桂…1片

白葡萄酒醋…100mL

B
┌ 圣女果…4个
│ 西班牙甜红椒（※切成长方形）…10g
└ 百里香…少量

※ 西班牙甜红椒：产自西班牙的红辣椒。碳烤后用瓶装或罐装。

1　乌贼去除内脏，将躯干和乌贼足分开（躯干带皮）。

2　将填充物的食材充分揉匀。

3　将步骤2的混合物塞入乌贼的躯干中。平底锅倒入橄榄油、加入乌贼炒之后撒盐。之后加入乌贼足和食材A。待乌贼的皮变焦后分三次加入白葡萄酒醋去除腥味。

4　煮沸之后加入材料B。待圣女果煮熟之后即可。

※ 也可根据自己喜好切成小块装盘、洒上欧芹油（参照P206）。

番茄炖乌贼饭

比库罗雷·横滨（ビコローレ·ヨコハマ） 佐藤

材料（4人份）

圆乌贼（※剑先乌贼）…2只（1只340g）

填充物

- 大米…120g
- 盐…适量
- 圆乌贼足（切碎备用）…2只
- 蛋清…20g
- 面包粉…10g
- 大蒜（切成末）…少量

橄榄油…适量

白葡萄酒…少量

A
- 去皮整番茄（罐装。去籽备用）…540mL
- 刺山柑（用醋浸泡）…30g
- 牛至…少量

※ [圆乌贼]（图片1）是矮胖状类型的剑先乌贼的名称之一（跟圆乌贼科是不同种类）。

1 制作**填充物**。大米放入盐水中煮后放入冷水中，沥干水分。和其他材料放在一起混合均匀。

2 乌贼去除乌贼足和内脏，清洗干净（躯干的皮不要剥）。

3 将步骤1的材料塞进乌贼躯干中，用竹扦固定开口的部分。

4 锅中放入橄榄油，煎步骤3的材料。加入少量白葡萄酒、待酒精挥发后，加入A部分材料，盖上锅盖小火煮20分钟左右。

* 根据个人喜好也可以切成圈装盘、加入蚕豆（煮过之后剥皮，加入橄榄油、盐、胡椒粉拌匀）。

茄泥乌贼汁脆片

乌贼和茄子做成各种各样的形状搭配在
一起制作而成。

炸乌贼汁丸子

使用乌贼的足、鳍等做成丸子，
用乌贼汁做成黑色外衣将其包裹后炸熟。

蒜香芸豆乌贼意面

这道意面中不但有芸豆和马铃薯、罗勒沙司，还添加了具有柔软口感的乌贼。

奶油乌贼意面

将形似乌贼圈的意面和真正的乌贼、西蓝花沙司搭配在一起，制作成白色的菜肴。

茄泥乌贼汁脆片

比库罗雷·横滨（ビコローレ·ヨコハマ）佐藤

材料

圆乌贼（剑先乌贼，做法参照P194，清洗之后剥皮的
躯干）…适量

A ┌ 盐、胡椒粉、柠檬汁、橄榄油…各适量
  │ 火葱（切成末）…适量
  └ 刺山柑（用醋浸泡后切成末）…适量

乌贼汁脆片（容易制作的量）

┌ 低筋面粉…100g
│ 牛奶…290mL
│ 鸡蛋…3个
│ 乌贼汁沙司（参照P228）…80mL
└ 橄榄油…30mL

小茄子…适量

炸食品专用油、盐、意大利香醋…各适量

烤茄子泥（容易制作的量）

┌ 茄子…3根
│ 洋葱（切成薄片）…1/2个
│ 大蒜（切成薄片）…1/2瓣
└ 橄榄油、牛至叶、白葡萄酒醋…各适量

橄榄油…适量

1　乌贼汁脆片：将材料用打蛋器混合均匀、
过滤、放置醒发之后制作成薄薄的奶味饼。放
入自己喜欢的模具中，之后放入预热至150℃
的烤箱中烘干。

2　将小茄子纵向切成两半，炸后撒盐。装入真
空袋中加入意大利香醋后真空封袋。

3　烤茄子泥：①将茄子放到烤盘中烤。待周
围烤焦后去除根蒂、再去掉烧焦的部分，切成
1cm厚。②锅中放入橄榄油、放入洋葱和大蒜
小火炒。③步骤1的混合物倒入步骤2的混合物
中。加水没过材料后放入牛至叶盖上盖子继续
煮。煮干水分之后放入搅拌机搅拌。加入白葡

萄酒醋和橄榄油调整味道。

4　将圆乌贼切成3～5mm宽的小块、用食材A
拌匀。

5　在盘中铺上步骤3的茄子泥、用勺子将步骤
4的材料做成丸子状放到茄泥上面，上面再放
上步骤1的乌贼汁脆片。加入步骤2的小茄子的
腌泡汁、最后洒上橄榄油即可。

炸乌贼汁丸子

比库罗雷·横滨（ビコローレ·ヨコハマ）佐藤

材料（4人份）

圆乌贼（剑先乌贼，处理法参照P194。将足、漏斗
（※）、乌贼鳍去除）…2只

盐、胡椒粉…各适量

大蒜（末）、欧芹（末）…各少量

包裹材料（容易制作的量）

  ┌ 蛋黄…2个
  │ 啤酒…50mL
A │ 面粉…100g
  │ 橄榄油…20mL
  └ 乌贼汁沙司（参照P228）…30g
蛋清（打发成能提拉成角）…2个

炸食品专用油…适量

柠檬（切成弧形）…适量

※ [漏斗]是指附着在乌贼头部的由肌肉形成的管状器官。
＊ 这里可以使用制作其他料理剩下来的乌贼躯干部分。

1　将圆乌贼切成1cm见方的块，加入盐、胡
椒粉，再加入大蒜末、欧芹末用料理机搅拌至
黏稠。

2　将A部分材料充分混合、加入打发好的蛋清
快速混合。盖上保鲜膜放到温暖的地方备用。

3　将步骤1的材料用勺子做成丸子状、用步骤
2的材料将其包裹，放入加热180℃的油中炸。
之后撒上少许盐装盘，加上柠檬即可。

蒜香芸豆乌贼意面

比库罗雷·横滨（ビコローレ·ヨコハマ） 佐藤

材料（2人份）

红乌贼（剑先乌贼※）···60g

芸豆···30g

盐···适量

意面（容易制作的量）

- 00粉（※）···250g
- 水···110mL
- 盐···1g
- 橄榄油···2mL

香蒜（容易制作的量）

- 罗勒···100g
- 松子···20g
- 帕马森干酪（切成末）···35g
- 大蒜···1瓣（5g）
- 食用调和油（※）···300mL
- 橄榄油···120mL
- 盐···少量

※ [红乌贼]是剑先乌贼的称呼之一。
※ 00粉：意大利高精度软质面粉。
※ 食用调和油：金田油店的原创混合油。由棉籽油、米糠油、芝麻油和橄榄油四种油混合而成。

1 意面：将材料混合放入食品料理机中搅拌均匀、成团之后放入真空袋中真空封存后放到冰箱里醒发1个小时左右。将面坯切成1cm宽之后拉长、拧成螺旋状。

2 香蒜：将食用调和油和橄榄油混合之后冷冻备用。之后将全部材料放入搅拌机中搅拌。

3 将乌贼清洗干净、剥去躯干的皮。放入盐水中中火煮之后放入冰水中，沥干水分、切成和意面一样宽的长条。

4 芸豆放入盐水中煮之后放入冷水中，之后切成和意面一样的长度。

5 将意面（2人份，约120g）放入盐水中煮。煮沸之前放入步骤4的芸豆一起继续煮。煮沸之后沥干水分移到锅中，加入步骤3的乌贼、适量汤汁混合使其乳化。关火，最后加入2大匙香蒜，香味飘出后装盘。

奶油乌贼意面

比库罗雷·横滨（ビコローレ·ヨコハマ） 佐藤

材料（5人份）

西蓝花···1个

洋葱···1/2个

无盐黄油···适量

月桂叶···1片

牛奶···少量

圆乌贼（剑先乌贼，做法参照P194）···1只

鲜奶油···适量

意面···适量

帕马森干酪（切成末）、黑胡椒碎···各适量

1 西蓝花分成小朵、纵向切成5mm宽。洋葱切成厚片。

2 锅中放入无盐黄油，加入步骤1的西蓝花和洋葱、月桂叶翻炒。之后加入没过材料的水和少量牛奶、盖上锅盖蒸10分钟左右。取出月桂叶，放入搅拌机中搅拌。

3 乌贼清洗干净剥皮、切成1cm宽的圈。

4 锅中放入无盐黄油，放入步骤3的乌贼煎。煎至半熟状态取出。

5 将鲜奶油加入步骤4的锅中煮。待变得浓稠之后加入2大匙步骤2的材料、煮好的意面、步骤4的乌贼拌匀、装盘。放入帕马森干酪碎末和黑胡椒碎。

鳎乌贼

麦乌贼麦片沙拉

麦乌贼在春季到夏初这段时间上市，被称为鳎乌贼的孩子（年幼型）。身体很柔软。制作灵感从它的名字得来，可以加入麦片制作成沙拉。

鳎乌贼海鲜面

用意面做成西班牙海鲜饭。加入乌贼躯干和肝使其味道更加浓厚。

烤朴叶鳎乌贼

在朴叶味噌上加入乌贼肝，
整体味道会更加协调。

家庭版咸味乌贼

自己制作的总是最好吃的。
使用肝比较大的鳎乌贼。

麦乌贼麦片沙拉

比库罗雷·横滨（ビコローレ·ヨコハマ）佐藤

材料（4人份）

麦乌贼（鳎乌贼的年幼型）…2只（95g）

麦片…100g

彩椒（红·黄）、西葫芦、红洋葱…各25g

刺山柑（用醋浸泡）…15g

盐、胡椒粉、白葡萄酒醋、橄榄油…各适量

1　麦片放在水中浸泡15分钟左右之后放入盐水（加入少量盐）中煮10分钟左右。之后用笊篱捞出，沥干水分、冷却备用。

2　将彩椒、西葫芦、红洋葱切成5mm宽的条、将刺山柑轻轻压碎备用。

3　将乌贼足和躯干分开、清洗内脏放入盐水中煮后放入冷水中沥干水分。躯干切成1cm宽的条、将乌贼足切成适口大小。

4　将盐、胡椒粉、白葡萄酒醋、橄榄油混合做成调料汁，加入步骤1、2、3的材料拌匀装盘。

鳎乌贼海鲜面

阿鲁道阿库（アルドアツク）酒井

材料（2人份）

鳎乌贼（将乌贼足和躯干洗净）…50g

鳎乌贼的肝…1/2只

橄榄油…15mL

┌ 大蒜（切成末）…1/2瓣
A 洋葱（切成末）…15g
└ 青椒（切成末）…1个

┌ 意面（将直径为1.4mm的意面折成1～2cm长的段）
│　　…80g
│ 番茄沙司（参照P217）…20g
B 彩椒粉…4g
│ 鱼汤（参照下记）…250mL
│ 盐…适量
└ 番红花…适量

1　将橄榄油放入锅中（西班牙海鲜饭锅）、放入食材A翻炒。

2　将乌贼的躯干和乌贼足切成1cm左右的方块，放入步骤1的材料中，再加入乌贼肝，充分翻炒直至去除腥味。

3　在步骤2的材料中加入食材B、煮沸之后放入预热至220℃的烤箱中加热7分钟。

※ 根据个人喜好可以加入大蒜蛋黄酱（参照P128）和柠檬。

鱼汤（容易制作的量）

鱼骨头…1根

水…1L

白葡萄酒…100mL

大蒜（切成薄片）…1瓣

洋葱（切成薄片）…1个

月桂叶…1片

橄榄油…适量

锅中放入橄榄油，加入鱼骨头炒。之后将剩下的所有材料都加入锅中煮1个小时后过滤。

烤朴叶鲗乌贼
赞否两论（賛否両論） 笠原

材料（4人份）

鲗乌贼…2只

大葱…1/2根

舞茸…1包

银杏…8个

黄油…20g

A ┌ 酒…100mL

├ 赤味噌…3大匙

├ 信州味噌…1大匙

└ 白砂糖…1大匙

酸橘…适量

烤朴叶…适量

1　将乌贼切开，分成躯干、足、肝三个部分、清洗干净。去除肝中的墨囊备用。

2　将步骤1的乌贼的乌贼足和躯干切成适口大小。

3　将大葱切成1cm宽的段。舞茸掰成适口大小。银杏剥壳后放入水中煮，之后去除薄皮。

4　锅加热后放入黄油和步骤1的乌贼的肝，一边加热一边用木铲将其轻轻压碎。去除薄皮。

5　在步骤4的材料中放入A部分材料混合均匀、注意不要烧焦。

6　在朴树的叶子上涂上步骤5的材料，加入步骤2、3的材料。摆到网上后用炭火烤。最后加上酸橘即可。

家庭版咸味乌贼
赞否两论（賛否両論） 笠原

材料（容易制作的量）

鲗乌贼…2只

盐…2大匙

酒…2大匙

A ┌ 浓口酱油…1大匙

└ 味醂…1大匙

黄柚子皮（切成细丝）…少量

1　将乌贼切开清洗干净（使用躯干和肝）。去除肝部的墨囊备用。

2　在步骤1的肝上涂上盐。放在冰箱里冷藏半日。

3　剥去步骤1的躯干的皮后用酒清洗，切成细丝。

4　用笊篱将步骤2的材料过滤，与材料A混合均匀。

5　在步骤4的材料中加入步骤3混合，放在冰箱里冷藏半日备用。装盘，摆上黄柚子皮即可。

阵胴乌贼〈笔管〉

蜂蜜沙司乌贼香肠

马略卡岛的特产腌制香肠（辣味香肠风味）和乌贼混合在一起，再撒上与之相配的蜂蜜沙司。

马略卡岛风味乌贼肉馅

马略卡岛的本土料理。
肉馅中加入松子和葡萄干。

乌贼汁煮乌贼肉馅

充分利用美味的乌贼汁制作而成。
这里的肉馅中没有加入葡萄干和松子。

蜂蜜沙司乌贼香肠

阿鲁道阿库（**アルド アツク**）酒井

材料（1~2人份）

阵胴乌贼（※）…5只

茄子（直接用火烤、之后去皮）…1/2根

腌制香肠（※）…20g

欧芹油（※）…适量

香草（细叶芹、薄荷、莳萝）…各适量

橄榄油…适量

沙司

┌ 橄榄油…10mL

  蜂蜜…10g

  番茄（切成丝）…20g

└ 红葡萄酒醋…5mL

※ 阵胴乌贼是躯干长10cm的小型乌贼。在关东市场也经常被称作小乌贼等。

※ 腌制香肠：辣味香肠风味，是马略卡岛的特产。搭配甘甜的沙司或是在面包上涂上蜂蜜和砂糖使用（图片1）。

※ 欧芹油：将10g欧芹和100mL橄榄油放入搅拌机搅拌而成。

1 将乌贼分成躯干和足两个部分，清洗干净。放到涂满橄榄油的铁板上快速地烤。将烤茄子切成适口大小、将腌制香肠切成2cm大小的方块，放入烤箱中小火加热至温热。

2 沙司：锅中放入橄榄油后加入蜂蜜，待蜂蜜变成奶糖状之后加入番茄和红葡萄酒醋煮开。

3 将步骤1的材料盛到容器中，撒上步骤2的沙司和欧芹油，再撒上香草即可。

马略卡岛风味乌贼肉馅

阿鲁道阿库（**アルド アツク**）酒井

材料（容易制作的量）

阵胴乌贼（见左侧）…30只

填充物

┌ 乌贼的脚（切成末）…30只

  生火腿（切成末）…20g

  大蒜（切成末）…1瓣

  洋葱（切成末）…100g

  松子…10g

  葡萄干…10g

  欧芹（切成末）…10g

  面包粉…50g

  白葡萄酒…50mL

  盐…适量

└ 橄榄油…适量

沙司

┌ 大蒜（切成末）…1瓣

  洋葱（切成末）…400g

  松子…10g

  番茄（切成丝）…10g

  葡萄干…10g

  鱼汤（参照P202）…500mL

└ 橄榄油…适量

1 将乌贼分成躯干和足两部分，清洗干净。将乌贼足用来做填充物。

2 制作填充物。平底锅中放入橄榄油，加入大蒜、洋葱、松子翻炒，待材料变软之后加入乌贼足继续炒。待乌贼足炒熟之后加入生火腿、葡萄干、欧芹、面包粉轻轻地炒，最后加入白葡萄酒和盐。冷却备用。

3 待步骤2混合物的余热散去后，将材料塞入乌贼的躯干后用牙签固定。

4 制作<u>沙司</u>。锅中放入橄榄油，加入大蒜、洋葱、松子翻炒。待洋葱炒至变软之后加入番茄、葡萄干、煮至番茄成为沙司状即可。

5 在步骤4的材料中加入鱼汤，煮沸之后加入步骤3的材料煮5分钟左右。

乌贼汁煮乌贼肉馅

阿鲁道阿库（**アルド アツク**） 酒井

材料（容易制作的量）

阵胴乌贼（见P206）…30只

填充物

- 乌贼足（切成末）…30只
- 生火腿（切成末）…20g
- 大蒜（切成末）…1瓣
- 洋葱（切成末）…100g
- 面包粉…50g
- 欧芹（切成末）…10g
- 白葡萄酒…50mL
- 盐…适量
- 煮鸡蛋…3个
- 橄榄油…适量

乌贼汁沙司（参照P228）…600mL

1 将乌贼分成躯干和足两部分，清洗干净。将乌贼足用来做填充物。

2 制作填充物。平底锅中放入橄榄油、加入大蒜、洋葱翻炒，待材料变软之后加入乌贼足继续炒。待乌贼足炒熟之后加入生火腿、面包粉、欧芹轻轻地炒，最后加入白葡萄酒和盐。冷却备用。

3 待步骤2的余热散去后，加入切碎的煮鸡蛋混合均匀。

4 将步骤3的材料塞入乌贼躯干用牙签固定。

5 将乌贼汁沙司加热后放入步骤4的材料煮5分钟左右。

荧光乌贼

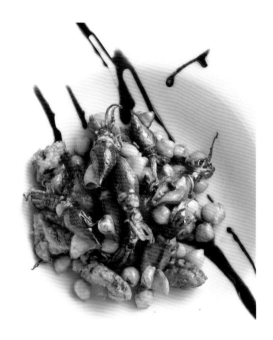

荧光乌贼炒香肠鹰嘴豆

这是一道巴塞罗那地区餐厅常见的基本
款菜肴。在西班牙用阵胴乌贼等来制作。

洋葱炒荧光乌贼

带有焦糖洋葱的甜味与荧光乌贼的肝
相结合，味道浓郁。

荧光乌贼炒香肠鹰嘴豆

阿鲁道阿库（**アルド アツク**） 酒井

材料（1~2人份）

荧光乌贼（用盐水煮之后去除眼睛、嘴、
　软骨）…8只
香肠（猪肉灌制的肠，家庭自制，切成荧光乌贼
　大小）…50g
鹰嘴豆（煮至变软）…60g
橄榄油…5mL
欧芹（切成丝）…少量
盐…适量
意大利香醋沙司（用意大利香醋熬制而成）…适量

1　平底锅中放入橄榄油之后放入香肠翻炒。
炒至8成熟之后，放入荧光乌贼和鹰嘴豆继续
炒。加入欧芹，加盐调味。
2　将步骤1的材料盛到容器中，撒上意大利香
醋沙司。

洋葱炒荧光乌贼

阿鲁道阿库（**アルド アツク**） 酒井

材料（2人份）

荧光乌贼（用盐水煮之后去除眼睛、嘴、
　软骨）…15只
大蒜（切成末）…1瓣
洋葱（切成薄片）…180g
橄榄油…10mL
盐…少量
欧芹（切成丝）…少量

1　锅中放入橄榄油和大蒜爆香，之后加入洋
葱，炒至变色备用。
2　平底锅中放入橄榄油（分量外），放入乌贼
快速翻炒，之后撒上少许盐，加入步骤1的洋
葱一边加热一边拌匀。
3　装盘，撒上欧芹即可。

烤笋荧光乌贼

春季海中食材和山中食材的组合。
2种沙司是黑蒜沙司和树芽沙司。

香醋乌贼皮蛋

使用整个荧光乌贼制作而成的冰激凌,
加入黑醋果冻和皮蛋、豆乳干酪,
让人惊艳的一道前菜!

玉簪拌荧光乌贼

芥末醋味噌里加入荧光乌贼的肝，
使味道更加浓醇。

款冬花茎意大利面

每年春天都会制作的人气意大利面。
款冬花茎略带苦涩的味道很好吃。
荧光乌贼身体裂开可以说明乌贼很新鲜。
鲜味已经从乌贼身体里面流淌出来。

烤笋荧光乌贼

海罗亚（Hiroya） 福嶌

材料（1人份）

荧光乌贼（生）…5只

笋…1/2根

花椒（生）…适量

橄榄油、盐、酱油、黑七味、柠檬汁…各适量

黑蒜沙司

- 黑蒜（自家制※）…适量
- 盐…适量

树芽沙司

- 树芽（日本胡椒幼芽）…适量
- 味噌…适量
- 大葱沙司（参照P268）…适量

※ 黑蒜：将带皮的大蒜加热（60℃）1周左右制作而成（利用电饭锅的保温设定功能）。注意制作时会有味道。

1　黑蒜沙司：剥去黑蒜的皮，加入少量水后放入搅拌机中用盐调味。

2　树芽沙司：将材料混合放入搅拌机中搅拌。

3　将笋（带皮）用锡箔纸包起后放入烤箱中烤、去皮，切成适口大小，之后涂上橄榄油和盐、用炭火烤。

4　将生的乌贼去除眼睛、嘴、软骨。锅用大火加热、放入少量橄榄油，加入乌贼、盐、少量酱油、黑七味用大火翻炒，最后放入柠檬汁。

5　容器中铺上步骤1的沙司，将步骤3、4的材料装盘，撒上步骤2的沙司，最后摆上花椒即可。

* 生乌贼虽然需要将里面部分也充分加热，但是注意如果火候太大会导致乌贼的肠露到外面。

香醋乌贼皮蛋

麻布长江 香福筵　田村

材料（4人份）

荧光乌贼（用盐水煮之后去除眼睛、嘴、软骨）…8只

乌贼冰激凌（容易制作的量）

- 荧光乌贼（用盐水煮之后去除眼睛、嘴、软骨）…270g
- 牛奶…300mL
- 盐…1g
- 鲜奶油…30g

8年陈酿果冻（容易制作的量，使用8大匙。）

- 清汤（中餐清汤）…350mL
- 味醂…50mL
- 淡口酱油…45mL
- 明胶…7g（放入水中浸泡备用）
- 8年陈酿…1½大匙

皮蛋（切成1.5cm见方的块）…1个

豆乳干酪…适量

食用花…适量

1　乌贼冰激凌：①将荧光乌贼、牛奶、盐放入锅中煮至沸腾，加入鲜奶油。②将步骤1的材料放入冷冻粉碎调理器的烧杯中。③将步骤2的材料放入冷冻室中冷冻24小时，凝固之后放入冷冻粉碎调理器中做成冰激凌。

2　8年陈酿果冻：①将清汤、味醂、淡口酱油放入锅中煮至沸腾。之后放入泡发好的明胶使其充分溶化，放入冰箱里冷藏凝固。②凝固之后加入黑醋。

3　每个容器中加入1/4个皮蛋、1大匙陈醋果冻（步骤2）、适量豆乳干酪。

4　在步骤3的材料上加入适量步骤1的冰激凌，再加入2只荧光乌贼。

5　再次加入1大匙黑醋果冻，最后撒上食用花即可。

玉簪拌荧光乌贼

赞否两论（賛否両論） 笠原

材料（4人份）

荧光乌贼（用盐水煮之后去除眼睛、嘴、
　软骨）…16只

玉簪…1把

盐…少量

浓口酱油…1大匙

A ┌ 玉味噌（白）…50g
　├ 干鸟醋…1大匙
　└ 水溶性芥末…1小匙

紫苏花穗…少量

1　将玉簪切成3cm长的段，放入盐水中焯水、
捞出。沥干水分，淋上浓口酱油，再次沥干
水分。

2　将材料A混合均匀，加入荧光乌贼和步骤1
的材料快速拌匀后装盘。撒上紫苏花穗即可。

款冬花茎意大利面

比库罗雷·横滨（ビコローレ·ヨコハマ） 佐藤

材料（1人份）

意大利面（干燥）…60g

荧光乌贼（生）…30g

款冬花茎…20g

番茄…1个（60g）

盐…适量

橄榄油…适量

大蒜（切成末）…1/5小匙

红辣椒（切成丝）…1撮

1　去除荧光乌贼（生）的眼睛、嘴、软骨。
款冬花茎放入盐水中煮之后放入冷水中，沥干
水分，切成末。番茄放入热水中去皮，切成
1cm的方块。

2　平底锅中放入橄榄油、大蒜、红辣椒爆
香。待大蒜炒至变色后，放入步骤1的荧光乌
贼煎。之后加入番茄煮干水分。

3　意大利面放入盐水中煮到恰到好处。

4　在步骤2的材料中加入步骤1的款冬花茎和
煮好的意大利面混合均匀。待沙司乳化之后装
盘，最后转圈洒上橄榄油即可。

乌贼牛蒡蒸饭

新鲜牛蒡的香味以及口感和乌贼
很相配。

荧光乌贼花椒饭

将荧光乌贼与乌鱼子和花椒制作成豪华
米饭。
最后在锅底上淋入汤汁，盖上锅盖焖可
调整米饭的软硬程度，稍微焦一点是比
较合适的口感。

乌贼海鲜锅饭

是一道常见的西班牙海鲜锅饭。
乌贼肝的加入使乌贼的味道更加浓厚。

乌贼牛蒡蒸饭
赞否两论（赞否両論） 笠原

材料（容易制作的量）

大米⋯0.3L

荧光乌贼（用盐水煮之后去除眼睛、嘴、软骨）⋯20只

新牛蒡⋯80g

A ┌ 海带汤⋯450mL
  │ 淡口酱油⋯30mL
  │ 浓口酱油⋯15mL
  └ 酒⋯45mL

白芝麻⋯少量

树芽（日本胡椒幼芽）⋯少量

1　大米淘洗干净后用笊篱捞出备用。
2　将荧光乌贼的一半切成碎块。
3　将牛蒡斜切成薄片后放在水里快速清洗。
4　陶锅中放入步骤1的大米、步骤3的材料、步骤2切碎的乌贼，放入食材A一起煮。
5　焖煮时撒入剩下的荧光乌贼。
6　完成时撒上白芝麻和树芽即可。

荧光乌贼花椒饭
海罗亚（Hiroya） 福嶌

材料（容易制作的量）

大米⋯210g

蛤仔汤（参照P83）⋯210mL+适量

款冬花（焯水之后剥皮、放到蛤仔汁里浸泡备用）⋯适量

荧光乌贼（生）⋯适量

乌鱼子（自家制）⋯适量

花椒⋯适量

生姜（切成末）⋯适量

橄榄油⋯适量

汤汁⋯适量

※ 可以使用铁锅或者陶锅。

1　将大米充分清洗后沥干。放入铁锅（或者陶锅）中，加入210mL蛤仔汁煮熟。
2　煮饭的同时，将经过浸泡的款冬花切成小块、使其与米饭充分融合，将平底锅加热至高温、放入橄榄油，再放入款冬花快速翻炒、之后加入生姜。
3　将荧光乌贼（生）去除眼睛、嘴、软骨。将平底锅加热至高温，放入少量橄榄油，再放入乌贼翻炒（不用完全炒熟、因为米饭有余温）。
4　步骤1的米饭煮好之后在锅底转圈加入适量汤汁，之后盖上锅盖小火蒸（这是用有厚度的铁锅或者陶锅的制作方法。如果用其他锅制作的话需要适当调整水分）。
5　在步骤4的米饭上面摆上步骤2的款冬花、步骤3的荧光乌贼、花椒、切成薄片的乌鱼子。食用的时候将全部材料拌匀即可。

乌贼海鲜锅饭
阿鲁道阿库（**アルド アツク**） 酒井

材料（2人份）

荧光乌贼（用盐水煮之后去除眼睛、嘴、软骨）…10只

大米（不淘洗）…80g

番茄沙司（参照本页下）…10g

乌贼汁沙司（参照P228）…10g

鱼汤（参照P202）…750mL

橄榄油…10mL

盐…4g

将所有材料混合放入西班牙海鲜锅中，大火加热。沸腾之后调成中火煮13分钟，用小火再加热5分钟。最后盖上盖子蒸3分钟。

* 根据个人喜好可以加入大蒜蛋黄酱（参照P128）。

番茄沙司（容易制作的量）

去皮整番茄（罐装）…1大罐（2550g）

洋葱（切成末）…400g

大蒜（切成末）…1瓣

橄榄油…250mL

锅中加热放入橄榄油和大蒜。炒出香味后加入洋葱继续炒，炒至透明之后加入去皮整番茄，煮至呈沙司状即可（30分钟左右）。

障泥乌贼

烘烤圆白菜乌贼

充分发挥乌贼躯干、鳍、足部分各自的特征来制作，
可以享受不同的味道和口感。

烤酒盗乌贼

将酒盗口味的乌贼和蔬菜放在烤石上一边烤
一边吃，很有乐趣。

乌贼猕猴桃黄瓜沙拉

在黏黏的乌贼中加入爽口的黄瓜和甜中带酸的
猕猴桃。这是营养均衡的搭配。

障泥乌贼素面

用厚厚的障泥乌贼制作乌贼素面。

烘烤圆白菜乌贼

海罗亚（Hiroya） 福岛

材料

障泥乌贼（※）…适量

　盐、酱油、酒、味醂、生姜（末）…各适量

橄榄油…少量

烘圆白菜

圆白菜、橄榄油、大蒜叶、月桂叶、盐…各适量

绿辣椒（用炭火烤过）…少量

小洋葱（涂上橄榄油后放入烤箱中烤，

　切成两半）…适量

圆白菜（圆白菜撕成适口大小）…适量

冬葱沙司（容易制作的量）

　冬葱（葱叶）…1把

　┌ 大蒜（带皮的大蒜涂上橄榄油之后放入200℃的烤箱
　　 中烤20分钟左右后剥皮）…1头

　 花生…50g

　 橄榄油…200mL

　 水…150mL

　└ *将所有材料混合放入搅拌机中搅拌后过滤。

盐…适量

※ 乌贼在活着的时候冷冻后让其自然解冻。

1　制作烘圆白菜。平底锅中放入橄榄油和压碎的大蒜爆香后加入月桂叶和适量切好的圆白菜，撒上少许盐充分混合，盖上盖子。待圆白菜加热至断生后关火，倒进底部放了冰的碗中备用。

2　将乌贼切开分成躯干、鳍、足、肠四个部分。将躯干和鳍剥皮。足的部分切成适口大小的长度。肠切成小块。

3　将步骤2的足和肠，放入材料A中腌制片刻使其充分入味。躯干和鳍的部分在两面细细地切割（比身体厚度的中心略深）备用。

4　将步骤3的躯干和鳍涂上少许橄榄油，放入加热至高温的平底锅中，快速炸其表面后取出。

5　将步骤3的乌贼足也放入平底锅中小火炒，再加入步骤1的烘烤圆白菜。

6　盘子中涂上适量冬葱沙司，在上面摆上步骤4的躯干（切成适口大小）和鳍，搭配上绿辣椒和小洋葱。加入步骤5的乌贼足、摆上炸圆白菜，最后加盐即可。

* 鱿鱼身体厚度中心的部分是最甜的，因此最好切到那个程度并增加位于舌头的比较甜的面积。另外，在两侧进行切割、口感也会非常好。

A

烤酒盗乌贼

赞否两论（賛否両論） 笠原

材料（4人份）

障泥乌贼（躯干）…1/2只

小洋葱…2个

青椒…1个

┌ 鲣鱼酒盗（甜口）…100g
A
└ 酒…100mL

酸橘（切成两半）…1个

1　锅中放入食材A，小火煮5分钟左右、冷却备用。

2　乌贼清洗干净之后剥皮、切成适口大小。

3　小洋葱切成5mm厚的圈、青椒切成2cm见方的块状。

4　用步骤1的材料将步骤2、3的材料拌匀。装盘，加入酸橘。

5　在用明火烤热的石头上放上步骤4的材料。一边用石头上的温度烤乌贼和蔬菜一边食用。

乌贼猕猴桃黄瓜沙拉
赞否两论（賛否両論）笠原

材料（4人份）

障泥乌贼	
（躯干）…1/2只	┌ 香油…3大匙
黄瓜…1根	│ 醋…2大匙
猕猴桃…1个	A 盐…少量
牛油果…1/2个	└ 砂糖…少量
	黑胡椒碎…少量

1　将黄瓜的少量部分做成装饰用材料，剩下的做成泥。

2　将步骤1的黄瓜泥沥干水分、与调料A混合均匀。

3　将猕猴桃和牛油果去皮、切成适口大小。

4　将乌贼清洗干净之后去皮，在表面上细细地切割，切成适口大小。

5　将步骤2的材料与步骤3、4的材料拌匀后装盘，撒上装饰用黄瓜、黑胡椒碎即可。

障泥乌贼素面
赞否两论（賛否両論）笠原

材料（4人份）

障泥乌贼	
（躯干）…1/2只	┌ 汤汁…400mL
生姜（末）…10g	│ 淡口酱油…50mL
芽葱…适量	A 味醂…50mL
鹌鹑蛋（生）…2个	└ *混合之后煮开、之后冷却备用。

1　障泥乌贼清洗干净之后去皮、切成细丝（素面状）。

2　在容器中放入步骤1的材料、生姜末、芽葱、去掉半个壳的鹌鹑蛋，再加入调料A即可。

甲乌贼〈墨乌贼〉 · 乌贼〈纹甲乌贼〉

白芦笋墨乌贼

乌贼和山羊起司和预想中一样相配。

铁板烧甲乌贼

简单版大蒜辣椒风味铁板烧。

日式辣椒海鲜锅

西班牙料理用鱼类和番茄沙司来制作。
这里用辣椒酱来代替并加入了辣椒粉。

棕褐色甲乌贼

甲乌贼（墨乌贼）在意大利语中是棕褐
色的意思。将沙司与马铃薯泥混合，
将凤尾鱼柳和乌贼皮制作成棕褐色。

白芦笋墨乌贼

海罗亚（Hiroya） 福岛

材料

墨乌贼（甲乌贼。躯干）…适量

白芦笋…适量

盐、橄榄油…各适量

墨鱼汁沙司

- 墨鱼汁…适量
- 墨鱼足…适量
- 大蒜（切一半）…1瓣
- 洋葱（切成丝）…适量
- 西芹（切成丝）…适量
- 白葡萄酒…适量
- 去皮整番茄（罐装）…适量
- 橄榄油、盐、胡椒粉…各适量

- 山羊起司…适量
- 鲜奶油…适量

A 细葱（切成末）…少量
- 盐、胡椒粉…各少量

细葱…少量

1 墨鱼汁沙司：锅中倒入橄榄油加热，加入墨鱼足、大蒜、洋葱、西芹翻炒。炒香之后放入墨鱼汁继续炒直至底部开始粘连。加入白葡萄酒稀释底部粘连部分。将去皮整番茄轻轻压碎之后放入锅中，再加入白葡萄酒、适量水煮2个小时左右。之后放入搅拌机中搅拌、过滤。用盐、胡椒粉调味。

2 将食材A的山羊起司和鲜奶油混合至适当的硬度，放入细葱、盐、胡椒粉调味。

3 将乌贼清洗干净之后剥皮，在两面细细地切割（比身体厚度的中心略深），之后涂上少量盐和橄榄油，放入加热至高温的平底锅中煎其表面（中间部分半熟即可）。切成适口大小。

4 将芦笋纵向切成4块，之后切成5cm长的段。用橄榄油炒熟。

5 容器中铺上步骤1的沙司，盛上步骤3、4的食材，摆上细葱。将步骤2的食材做成筒状摆在旁边。

铁板烧甲乌贼

阿鲁道阿库（アルド アツク） 酒井

材料（容易制作的量）

甲乌贼…1只

橄榄油…15mL

大蒜（切成薄片）…1瓣

辣椒（绿辣椒用醋腌泡，做法参照P241，从一端横切）…1根

欧芹（切成末）…少量

盐…适量

大蒜蛋黄酱（参照P128）…适量

1 将甲乌贼切成躯干和足2个部分、清洗干净。躯干去皮后在表面划2、3刀备用。

2 在步骤1的躯干和乌贼上撒上少许盐，放在涂满橄榄油（分量外）的铁板上烤。

3 锅中放入15mL橄榄油和大蒜加热。待香味飘出后，加入辣椒和欧芹。

4 将步骤2的乌贼盛到容器中，撒上步骤3的沙司，再倒入大蒜蛋黄酱、用欧芹（分量外）作为装饰。

日式辣椒海鲜锅
产贺（うぶか）加藤

材料（4人份）

对虾…8只

章鱼（足）…1根

甲乌贼（躯干）…1只

生姜…1片

红辣椒…1根

米糠油…50g

日本酒…50mL

番茄酱…200g

盐、胡椒粉…各少量

辣椒粉…少量

1　对虾去掉头部、剥壳取出虾肉（头和外壳保留备用）。

2　对章鱼的足进行预处理，之后切成适口大小的块。将乌贼进行预处理，剥去躯干的皮、将菜刀倾斜将其切成适口大小。

3　锅中放入米糠油、生姜、红辣椒加热。炒出香味后加入步骤1的虾头和外壳继续炒。压住虾头取出虾黄。

4　在步骤3中加入步骤2的章鱼和乌贼、步骤1的虾肉，再加入日本酒和番茄酱小火煮。放入盐、胡椒粉调味，再加入辣椒粉调制成自己喜欢的口味。最后取出虾壳。

5　移入1人份的小锅中趁热食用。

棕褐色甲乌贼
比库罗雷·横滨（ビコローレ·ヨコハマ）佐藤

材料（2人份）

甲乌贼（新乌贼※）的足、漏斗（※）、鳍…2只

大蒜（切成末）…1/2瓣

红辣椒…少量

凤尾鱼柳…3根

马铃薯（剥皮切成1cm的方块）…2个

白葡萄酒…100mL

橄榄油…适量

盐…适量

※ 使用很小的新乌贼。躯干可以用于制作其他料理，这里使用剩下的部分即可，当然也可以使用躯干部分。
※ 漏斗是附着在乌贼头部的由肌肉形成的管状器官。

1　将盐撒在甲乌贼足、漏斗、鳍（不剥皮）上，揉匀使其入味，之后用水清洗干净。

2　锅中放入橄榄油、大蒜、红辣椒、凤尾鱼柳翻炒。待全部材料炒至上色之后加入步骤1的材料。

3　待水分炒干之后加入白葡萄酒继续炒直至酒精挥发。

4　在步骤3中加水（没过材料）煮沸。撇去浮沫加入马铃薯继续煮，煮至乌贼变软。

5　从步骤4中取出乌贼、将锅中的沙司和马铃薯全部放入搅拌机中搅拌。

6　盘中盛入乌贼，倒入步骤5的沙司，再淋上橄榄油即可。

乌贼海鲜鸡蛋布丁

加入乌贼汁沙司制作成纯黑的海鲜布丁，
之后添加白色的烤乌贼和红色的烤菊苣。

乌贼蔬菜热沙拉

在马略卡岛经常被制作的菜肴。
小火炒，熄火之后加入番茄和醋混合
均匀。

烩乌贼

这是一道马略卡岛的菜肴。这道料理所
用食材丰富，制作时将乌贼切成小块。
放在面包上也非常好吃。

甲乌贼煮肉丸

这也是西班牙人耳熟能详的一道菜肴，
由海中食材和山中食材组合而成。
偏地中海风格，这道菜肴在瓦伦西亚和
加泰罗尼亚等地也经常被制作。

乌贼海鲜鸡蛋布丁

比库罗雷·横滨（ビコローレ·ヨコハマ）佐藤

材料

海鲜鸡蛋布丁（容易制作的量）

A ┌ 扇贝柱…220g
　├ 白身鱼肉糜…40g
　└ 藻虾（红丹虾，取虾肉。参见P74）…40g

B ┌ 蛋清…60g
　└ 整蛋…1/2个（28g）

乌贼汁沙司（参照右记）…50g

鲜奶油…220g

开心果（烤过之后切成大块）…30g

乌贼（将躯干清洗干净之后剥皮、切成3mm的小
　块）…40g

乌贼（将躯干清洗干净之后剥皮）…适量

红菊苣…适量

乌贼汁沙司（参照右记）…适量

芝麻海带粉（将等量的黑芝麻和干燥海带混合放入研
　磨机中研磨）…少量

橄榄油、盐…各适量

1　海鲜鸡蛋布丁：将食材A放入料理机中搅拌。
2　在步骤1混合物中少量、多次加入材料B搅拌，加入乌贼汁沙司。少量、多次加入鲜奶油搅拌。
3　将步骤2的材料移入碗中，放入开心果和乌贼混合均匀。
4　将步骤3的材料倒入锡箔杯或树脂杯中，摆放在加了水的烤盘中，之后放入加热至130℃的烤箱中烤25分钟。
5　将乌贼的表面切成格子状，涂上橄榄油和盐放到烤架上烤。在红菊苣也涂上橄榄油放到烤架上，撒盐调味。
6　盘子上涂上乌贼汁沙司、摆上步骤4的海鲜鸡蛋布丁，加入步骤5的材料。最后撒上芝麻海带粉即可。

乌贼汁沙司（容易制作的量）

乌贼的墨汁和肠…2只

大蒜（切成末）…1/2瓣

红辣椒（切成圈）…1/2根

凤尾鱼（切成末）…1小匙

白葡萄酒…100mL

番茄沙司…300g

橄榄油、盐…各适量

1　锅中放入橄榄油和大蒜用小火炒，待炒出香味之后加入红辣椒、凤尾鱼。之后加入乌贼的墨汁和肠、白葡萄酒继续煮。
2　待酒精挥发之后加入400mL水、番茄沙司煮50分钟左右。待煮干至一半的量时，放入搅拌机中搅拌、过滤。

乌贼蔬菜热沙拉

阿鲁道阿库（アルド アツク）酒井

材料（2~3人份）

甲乌贼…1/2只

洋葱…50g

青椒…1个

番茄…100g

大蒜（切成末）…1/2瓣

橄榄油…5mL

盐、胡椒粉、白葡萄酒醋…各适量

1　将甲乌贼去除乌贼足，将内脏清洗干净。剥去躯干的皮，切成2cm见方的小块。将洋葱、青椒、番茄也切成2cm见方的小块。
2　锅中加热、放入橄榄油和大蒜。炒出香味后加入步骤1的甲乌贼、洋葱、青椒快速翻炒，之后加入盐、胡椒粉熄火。
3　步骤2中加入番茄和白葡萄酒醋拌匀即可。

烩乌贼

阿鲁道阿库（**アルド アツク**） 酒井

材料（3~4人份）

甲乌贼（清洗干净之后将剥了皮的躯干切成2cm左右的
小块）…1只

大蒜（切成末）…1瓣

洋葱（切成末）…300g

彩椒（切成末）…1个

茄子（剥皮切成小块）…2根

番茄（开水去皮之后切成大块）…200g

月桂叶…1片

白葡萄酒…100mL

橄榄油…10mL

彩椒粉…5g

盐…适量

1　锅中倒入橄榄油，放入大蒜末和洋葱末翻
炒。炒软之后加入甲乌贼继续炒。

2　在步骤1的材料中加入彩椒和茄子翻炒。再
加入番茄、月桂叶、白葡萄酒、彩椒粉、盐，
盖上锅盖小火煮1个小时（如果煮至变干，可
以在中途加水）。

甲乌贼煮肉丸

阿鲁道阿库（**アルド アツク**） 酒井

材料（4人份）

甲乌贼（清洗干净之后将剥了皮的躯干切成适口大
小）…1只

肉丸

A ┌ 猪肉馅…300g
　│ 大蒜（切成末）…1粒
　│ 洋葱（切成末）…100g
　│ 鸡蛋（打散）…1个
　│ 面包粉…20g
　│ 盐…4g
　└ 欧芹（切成末）…适量

面粉…适量

炸食品专用油…适量

番茄沙司（容易制作的量）

番茄（热水去皮、带籽切成大块）…400g

B ┌ 大蒜（切成末）…1瓣
　│ 洋葱（切成末）…150g
　│ 胡萝卜（切成末）…40g
　└ 杏仁（薄片）…50g

月桂叶…1片

彩椒粉…10g

盐…适量

橄榄油…20mL

白葡萄酒…50mL

欧芹（切成丝）…少量

1　肉丸：将食材A充分混合做成直径约高5cm
的丸子。沾上面粉、放到油里炸。

2　番茄沙司：锅中放入橄榄油，放入食材B翻
炒。炒至变软之后加入番茄和月桂叶。煮至呈
沙司状之后加入彩椒粉、盐。取出月桂叶，将
其他材料放入搅拌机中搅拌。

3　锅中放入橄榄油（分量外）后放入甲乌贼
小火炒，加入适量步骤2的番茄沙司和白葡萄
酒、步骤1的肉丸煮10分钟左右。

4　装盘，撒上欧芹丝即可。

玉米墨珠

将乌贼肉糜用笊篱的孔压进锅中煮，做成像珍珠
一样的白色丸子，再搭配上黄色的玉米粒。

干炸乌贼

将乌贼斜着切之后放到锅里炸，形成漂亮的卷状。最后撒上调味盐增加香味。

四川泡菜炒乌贼

将中国的腌制泡菜连同泡菜汁一起使用来调味。

玉米墨珠
麻布长江 香福筵 田村

材料（4人份）
墨珠

A
- 纹甲乌贼（乌贼）…2只
  - 盐…1/6小匙
  - 酒…1大匙
  - 无糖炼乳…50g
  - 蛋清…1/2个
  - 胡椒粉…少量
  - 马铃薯淀粉…2/3大匙

玉米…2根
炸食品专用油…适量
盐、色拉油…各少量

B
- 大葱（切成末）…3大匙
- 葱油（大葱和油混合在一起加热制成）…2大匙

C
- 盐…1/2小匙
- 酒…2大匙
- 酒酿（※）…1大匙
- 清汤（中餐清汤）…5大匙
- 水溶性马铃薯粉…2小匙
- ＊混合备用。

粉红胡椒…适量

※ 酒酿：糯米和酒母经过发酵制作而成、中国的天然调味料。

1　制作墨珠。去除纹甲乌贼足和内脏。剥去躯干的皮，用清水冲洗干净之后沥干水分（只使用躯干部分）。

2　将步骤1乌贼的躯干放入食品料理机中，再放入食材A搅拌至呈肉糜状（图1）。

3　锅中放水煮沸。将步骤2的材料摆在笊篱上后放入沸腾的开水中，用勺子的背部揉成丸子撒落锅中（图2～4）。煮1分钟左右之后捞出。

4　将玉米剥去外皮、去掉玉米须（保留备用），用小刀纵向刮下玉米粒。玉米须放入低温的油中炸好备用。

5　锅中放水煮沸，加入少量盐、色拉油，之后加入步骤3的墨珠和步骤4的玉米粒煮，之后取出。

6　将锅洗刷干净、放入B材料小火炒出香味。将步骤5的材料再倒回到锅中，放入C部分的材料大火翻炒。

7　装盘，加入步骤4的炸好的玉米须和粉红胡椒即可。

干炸乌贼
麻布长江 香福筵 田村

材料（2人份）

纹甲乌贼（乌贼）…1只

腌渍调味汁

A ┌ 酱油…1/2大匙
  │ 蚝油…1/2大匙
  └ 绍兴酒…1/2大匙

炸食品专用油…适量

调味盐（盐、五香粉、黑胡椒粉、咖喱粉、干燥欧芹混合而成）…适量

1　去除纹甲乌贼足和内脏。剥去躯干的皮，用清水冲洗干净之后沥干水分（只使用躯干部分）。

2　在乌贼的躯干（步骤1）表面以等间距对角切割，切至厚度的2/3。

3　将腌渍调味汁的全部材料混合均匀，放入步骤2的乌贼腌制10分钟。

4　将步骤3的乌贼放入烧至200℃的油中炸出香味（因为躯干上有切口，所以炸后会卷起）。

5　将步骤4的材料上面的油沥干后切成薄片。

6　装盘，撒上调味盐即可。

四川泡菜炒乌贼
麻布长江 香福筵 田村

材料（2人份）

纹甲乌贼（乌贼）…1只

泡菜（中国四川省的腌制泡菜，切成5mm见方的小块）…30g

色拉油…少量

A ┌ 盐…1g
  │ 白砂糖…1g
  │ 泡菜汁…30mL
  │ 马铃薯淀粉水…1大匙
  └ * 混合备用。

1　去除纹甲乌贼足和内脏。剥去躯干的皮，用清水冲洗干净之后沥干水分（只使用躯干部分）。

2　将步骤1的乌贼纵向切成两半。内侧朝上放置，纵向按照5mm的间隔斜切，切至厚度的2/3。

3　将乌贼横向放置、切成3mm宽的切口，垂直于步骤2的切口，第一刀和第二刀不要切断、第三刀将其切断。

4　将步骤3的乌贼放入80℃的水中快速煮。之后沥干水分。

5　锅中放入少量色拉油，烧热后放入步骤4的乌贼和泡菜，再加入调料A快速翻炒。

乌贼肠·乌贼蛋〈包卵腺〉

乌贼搭配乌贼肠凤尾鱼沙司

将甲乌贼（墨乌贼）的肠融入沙司之中、再搭配乌贼的躯干和蔬菜一起食用。

酸辣烩乌贼蛋

将传统的宫廷料理用现代烹饪方式来制作。添加酸酸的柠檬泡、胡椒粉和柠檬油混合而成的粉末。

章鱼

真蛸

意式腊章鱼马铃薯沙拉

将蒸软的章鱼放到真空袋中制作的人气开胃菜。
使用含有大量胶质的活章鱼来制作。

乌贼搭配乌贼肠凤尾鱼沙司

比库罗雷·横滨（ビコローレ·ヨコハマ）佐藤

酸辣烩乌贼蛋

麻布长江 香福筵 田村

材料

乌贼肠凤尾鱼沙司（容易制作的量）

┌ 大蒜…3瓣
│ 橄榄油…200mL
│ 凤尾鱼柳…2根
└ 甲乌贼的肠…2只

甲乌贼（将乌贼躯干清洗干净之后剥皮、
　斜切）…适量

盐…适量

┌ 食用蒲公英、菊苣、
A│
└ 　野生水芹…各适量

橄榄油…适量

1　制作**乌贼肠凤尾鱼沙司**。锅烧热后放入蒜末、橄榄油、凤尾鱼柳用小火翻炒。之后加入甲乌贼的肠煮5分钟左右。放入搅拌机中搅拌。

2　将甲乌贼的躯干放入盐水中煮至半熟之后放入冰水中。沥干水分，切成3mm宽的条。

3　在容器周围盛上步骤2的乌贼和食材A、中间加入温热的步骤1的沙司，最后淋一圈橄榄油。

材料（1盘）

盐渍乌贼蛋（揭下薄薄的一层之后用盐
　腌制※）…15g

清汤（中餐清汤）…200mL

盐…少量

水溶性马铃薯粉…1小匙

柠檬泡（容易制作的量）

┌ 柠檬汁…75mL
│ 温水…200mL
└ 大豆卵磷脂…4g

＊ 将所有材料混合，用手动搅拌机打至起泡。

胡椒粉（容易制作的量）

┌ 柠檬油（※）…25mL
│ 凝固剂…15g
└ 胡椒…2撮

＊ 柠檬油中放入凝固剂、胡椒、用打蛋器将其充分混合之后做成粉状。

※ 乌贼蛋：准确地说它不是蛋，而是叫作"卵腺"的器官，它是在乌贼产卵时分泌的包在外面的黏液。使用生乌贼蛋时煮过之后会形成一层薄薄的膜，使用时要一张一张地撕掉。

※ 柠檬油：将柠檬皮和香油放入真空袋中真空保存，放置3天左右。待柠檬的香气渗入到油里面后取出柠檬皮。

1　将盐渍乌贼蛋放入清水中去除盐分。

2　锅中放入清汤煮至温热，加入步骤1的材料和少量盐。待乌贼的香味飘出后，放入水溶性马铃薯粉勾芡。

3　将步骤2的材料倒入容器中。在容器边缘加入1大匙**胡椒粉**，在汤的上面加入2大匙**柠檬泡**。

＊ 食用方法：汤可以直接喝。其次可以加入柠檬皮调制成酸汤饮用。最后，可以加入胡椒粉混合饮用。可以从最初淡淡的细腻味道变化成酸辣味汤汁。

意式腊章鱼马铃薯沙拉

比库罗雷·横滨（**ビコロ一レ·ヨコハマ**）佐藤

材料（1人份）

意式腊章鱼（容易制作的量）

⎡ 章鱼（活）…1只（2kg）
⎣ 盐…适量

马铃薯…1个

盐…适量

⎡ 盐、白胡椒、白葡萄酒醋、
A ⎣ 橄榄油…各适量

柠檬汁…适量

橄榄油…适量

番茄干（※）…少量

黑橄榄…1/2个

绿橄榄…1/2个

新鲜番茄沙司（参照本页右侧）…适量

油菜花沙司（参照本页右侧）…适量

※ 番茄干：将小番茄切成两半后涂上盐、砂糖，放入预热至 90℃的烤箱中使其干燥。

1　制作意式腊章鱼。章鱼洗净、用盐揉搓去除表面的黏液后用水冲洗干净。用擀面杖敲打之后放入蒸锅中蒸至柔软。之后切成大块放入真空袋中、做成圆筒形状后放入冰箱中冷藏一晚备用。

2　马铃薯去皮后切成1cm见方的小块，放入盐水中煮。煮至变软之后沥干水分、移到碗中，趁热加入A部分材料、用叉子压碎使其入味。

3　将步骤2的马铃薯泥舀到圆形模具中，铺成5mm厚。取掉模具，在马铃薯上撒上新鲜番茄沙司。

4　将步骤1的意式腊章鱼（见右图）切成3mm厚的片摆在步骤3的马铃薯上。之后挤入柠檬汁、淋上橄榄油，最后摆上番茄干和半个橄榄。周围撒上新鲜番茄沙司和油菜花沙司。

新鲜番茄沙司（容易制作的量）

1　将3个番茄用热水烫后去皮、去籽，用盐腌制1个小时左右备用、之后沥干水分。

2　将步骤1的番茄和30g西芹、50mL白葡萄酒醋放入搅拌机中搅拌。一边搅拌一边少量多次加入适量橄榄油使其乳化。

油菜花沙司（容易制作的量）

将1把油菜花和5根欧芹放入盐水中煮后放入冷水中，沥干水分、放入搅拌机，再加入适量的水、一边搅拌一边少量多次加入适量橄榄油，将其乳化。

铁板烧章鱼

将章鱼汁熬干，加入橄榄油制作成沙司。
章鱼本身就含有盐分。

加利西亚风味章鱼

水煮章鱼搭配马铃薯是加利西亚地区的
人气下酒菜。

烤章鱼西葫芦

章鱼烤至酥脆，非常美味。
在烤西葫芦上面加入酸酸的番茄干，
再用西葫芦泥将其包围。

章鱼托洛萨豆汤

将豆子放入章鱼汁中制作成汤。
再使用醋浸绿辣椒和西芹增加清凉感。

烤章鱼

将整个章鱼放入烤箱烤。
是南部的地中海地区（莫夕亚地区）
比较常见的地方特色料理。
通常放置在酒吧的吧台上，
可以在点餐时为客人切分。

铁板烧章鱼

阿鲁道阿库（**アルド アツク**）酒井

材料（1人份）

章鱼足（进行预处理之后煮。参照P269）…1根

A ┌ 芋头（剥皮、切成适口大小）…15g
  │ 西班牙甜红椒（※）…1/2个
  └ 茴香…1根

橄榄油…适量

沙司

┌ 将章鱼汁（将1只章鱼像P269那样煮出汤汁）煮至
│ 200mL（根据章鱼的含盐量调整盐分）…10mL
└ 橄榄油…5mL

绿橄榄…2个

大蒜蛋黄酱（参照P128）…适量

※ 西班牙甜红椒：产自西班牙的红甜椒。经过炭烤之后再煮，最后装入瓶中或罐中。

1　将章鱼足和食材A在涂满橄榄油的铁板上烤。

2　沙司：在煮好的章鱼汁中加入橄榄油，一边加热一边搅拌至乳化。

3　盘中涂上步骤2的沙司，盛上步骤1的章鱼和蔬菜，最后加入橄榄和大蒜蛋黄酱。

加利西亚风味章鱼

阿鲁道阿库（**アルド アツク**）酒井

材料（容易制作的量）

章鱼足（进行预处理之后煮，做法参照P269）…2根

马铃薯（水煮，用章鱼的汁煮更加美味）…1/2个

A ┌ 橄榄油…适量
  └ 盐、彩椒粉…各适量

将章鱼足切成大块、和切成适口大小的马铃薯一并盛到容器中，撒上食材A。

烤章鱼西葫芦

比库罗雷·横滨（**ビコローレ·ヨコハマ**）佐藤

材料（8人份）

章鱼（足）…8根

西葫芦…2个

盐、胡椒粉、橄榄油…各适量

西葫芦泥

A ┌ 西葫芦（切成薄片）…2根
  │ 洋葱（切成薄片）…1/2个
  └ 大蒜（切成薄片）…1/2瓣

欧芹（摘叶）…5g

橄榄油…适量

B ┌ 番茄干（※切成末）…10g
  │ 白葡萄酒醋…10mL
  │ 橄榄油…20mL
  │ 盐…适量
  └ * 混合均匀。

※ 番茄干：将小番茄切成两半，涂上盐、白砂糖，放入加热至90℃的烤箱中使其干燥。

1　西葫芦泥：锅中放入橄榄油，加入食材A煎，加水（没过材料）盖上锅盖煮。煮熟之后和欧芹一起放入搅拌机中搅拌。

2　将章鱼足用盐揉搓去除黏液，之后用清水冲洗。蒸过之后，放入涂满橄榄油的烤盘中烤至变色。

3　西葫芦切成5mm厚的圈放到烤盘上、涂上盐、胡椒粉、橄榄油烤，之后冷却备用。

4　盘中放入温热的西葫芦泥（步骤1），之后盛入步骤2的章鱼，淋上橄榄油。再加上步骤3的西葫芦，摆上食材B。

章鱼托洛萨豆汤

阿鲁道阿库（**アルド アツク**） 酒井

材料（1人份）

章鱼足（进行预处理之后煮，参照P269）…1/2根

西芹（切成5mm见方的小块）…适量

醋浸绿辣椒（※从一端横切）…1根

香菜…适量

橄榄油…少量

托洛萨豆汤（20人份）

┌ 章鱼汁（将1只章鱼煮出汤汁、做法参见P269，保留
│　洋葱）…1.8L
│ 托洛萨豆（※干燥）…500g
│ 彩椒粉…10g
└ 橄榄油…100mL

※ 醋浸绿辣椒：将西班牙的巴斯克地区·纳瓦拉盛产的绿辣
　椒放入醋中浸泡制成（本栏下方图片1）。用于制作腌肉
　汤等。

※ 托洛萨豆：盛产于巴斯克地区托洛萨特产的豆（本栏下方
　图片2）。经常用于搭配西班牙香肠和腌肉制作成汤。

1　托洛萨豆汤：将托洛萨豆用水浸泡1个晚上
泡发备用。之后加入全部材料小火煮至豆子变
软。全部放入搅拌机中搅拌、过滤。

2　铁板上涂上少量橄榄油，放入章鱼足烤。
之后切成适口大小。

3　容器中倒入步骤1的汤，加入步骤2的章
鱼。撒上西芹、醋浸绿辣椒、香菜叶，最后撒
上彩椒粉（分量外）。

烤章鱼

阿鲁道阿库（**アルド アツク**） 酒井

材料（容易制作的量）

章鱼（经过预处理※）…1只

马铃薯（剥皮切成5mm厚的片）…1.5kg

洋葱（切成两半，横向切成1cm厚的片）…500g

月桂叶…2片

啤酒…500mL

白兰地…100mL

橄榄油…30mL

彩椒粉…少量

巴萨米克沙司（巴萨米克醋熬干）…少量

香菜…少量

※ 章鱼的预处理：将生章鱼去除内脏之后冷冻，在使用的前一
　天转移到冷藏室中自然解冻、放到流水下揉搓去除黏液。

1　将马铃薯和洋葱并列摆在大烤盘上面。摆
上月桂叶和整个章鱼，洒上啤酒、白兰地、橄
榄油（本栏下方图片1），放入预热至200℃的
烤箱中烤1个小时（本栏下方图片2）。

2　从步骤1的材料中去除章鱼和月桂叶、剩下
的材料放入搅拌机中搅拌至糊状。

3　容器中铺上步骤2的糊。切下步骤2的章鱼
足、切成适口大小装盘，撒上彩椒粉、橄榄油
（分量外）。加入巴萨米克沙司和香菜即可。

章鱼沙拉

将大蒜和柠檬风味的章鱼用小火翻炒，
之后搭配各种各样风味和口感的蔬菜，
做成美味沙拉。

烤章鱼 章鱼干汤

章鱼干和蔬菜混合慢慢熬制，做成凝聚
章鱼美味的汤汁。

章鱼沙拉

海罗亚（Hiroya）　福岛

材料

章鱼（※足）…适量

蔬菜

小洋葱、圆白菜、大葱、茄子、绿辣椒、芜菁、番茄、苦苣、菊苣、水芹…各适量

姬菇、大蒜、月桂叶、橄榄油、炸食品专用油…各适量 | 彩椒粉、盐、柠檬汁、蒜泥（※）…各适量

蛤仔汤

（参照P83）…适量

A 洋葱泥（※）、雪利醋、盐、橄榄油…各适量

橄榄酱（※）、鱼子酱（※）…各适量

※ 将活章鱼整个冷冻、之后自然解冻。这个操作如果反复进行3次的话，章鱼的肌肉纤维组织会被破坏，肉质也会变软。

※ 蒜泥：大蒜带皮涂上橄榄油、放入加热到200℃的烤箱中烤约20分钟后剥皮，放入搅拌机中搅拌后用橄榄油和盐调味。

※ 洋葱泥：将洋葱带皮整个放入烤箱中烤，之后剥皮放入搅拌机中搅拌至泥状。

※ 橄榄酱：将黑橄榄（去子）、欧芹、橄榄油混合放入搅拌机中搅拌。

※ 鱼子酱：将鱼子放入碗中，加入大量沸水后用筷子搅拌、用水冲去污垢。

[蔬菜·姬菇]

1　将带皮的小洋葱涂上橄榄油，放入加热至200℃的烤箱中烤。之后剥皮、纵向切成两半。

2　制作烘烤圆白菜。平底锅加热，放入橄榄油和压碎的大蒜爆香，之后加入月桂叶和适量切好的圆白菜，撒上少许盐混合均匀，盖上盖子烘烤。待圆白菜烤至断生之后取出，放进底部放了冰的碗中备用。

3　将其他的圆白菜撕成适口大小，放到油里炸。

4　用锡箔将大葱包上，放入烤箱中加热（去除水分并压平）。茄子放在网上用炭火烤、之后用保鲜膜包好放置片刻，剥皮后切成适口大小。绿辣椒用炭火烤。

5　将芜菁和番茄切成适口大小的弧形。将苦苣、菊苣、水芹切成适口大小。

6　蛤仔汁放入锅中煮沸加入姬菇（切掉姬菇的根），稍煮片刻关火。

[章鱼]

7　平底锅加热后放入橄榄油和彩椒粉。炒出香味后加入切成适口大小的章鱼足（少量盐腌制过），再加入柠檬汁和蒜末。

[装盘]

8　将步骤1~6的蔬菜和步骤6的姬菇用食材A拌匀后，与步骤7的章鱼和橄榄酱一同搅匀，装盘后撒上香菜即可。

烤章鱼　章鱼干汤

阿鲁道阿库（アルドアツク）　酒井

材料（1人份）

章鱼足（预处理后煮，做法参照P269）…1/2根

蘑菇（切成薄片）…1个

莳萝…适量

章鱼干汤（容易制作的量）

章鱼干（巴斯克风味，做法参照P246）…100g

鸡腿肉（块）…100g

大蒜（切成薄片）…1瓣

洋葱（切成薄片）…1个（200g）

西芹（切成薄片）…20g

番茄…1个

胡萝卜（切成薄片）…50g

月桂叶…1片

胡椒粒…适量

白葡萄酒…200mL

水…2L

1　章鱼干汤：将所有材料放入锅中煮2个小时后过滤。

2　将水煮章鱼足切成适口大小，放在炭火上烤后，放入容器中、倒入章鱼干汤。撒上蘑菇和莳萝即可。

巴斯克风味章鱼干汤

将巴斯克风味章鱼干和洋葱、番茄混合
煮成的美味章鱼汤。
在巴斯克的苏玛伊阿可以品尝的地方特色，
也会参加当地的美食大赛。

酸橙汁拌章鱼干

在风干1日的章鱼上加入红洋葱和番茄，
再搭配橄榄油和柑橘汁。章鱼的口感
非常好，吃起来美味极了。

香味章鱼

煮软的章鱼上面加入拌了香料的干燥米和蔬菜，口感十足。

炸青紫苏叶章鱼

在煮软的章鱼上面裹上加入啤酒的包裹材料和青紫苏叶、炸至酥脆。

巴斯克风味章鱼干汤

阿鲁道阿库（**アルド アツク**）酒井

材料（容易制作的量）

章鱼干（巴斯克风味※，本栏下方图片）…50g

大蒜（切成末）…1瓣

洋葱（切成末）…1个（200g）

面包（撕碎）…30g

番茄（热水烫后去皮、去籽切成大块）…150g

白葡萄酒…100mL

橄榄油…50mL

盐…适量

彩椒粉…适量

※ 巴斯克风干章鱼：章鱼不冷冻、清洗内脏、去除黏液后，平铺在衣架等的上面，悬挂1周左右使其干燥。在巴斯克地区，将章鱼充分干燥直至变干。

1 锅中倒入橄榄油、加入蒜末和洋葱末炒至稍微变色。

2 加入面包和切好的章鱼干。之后加入番茄继续炒。

3 待步骤2的材料变成沙司状之后加入白葡萄酒，待酒精挥发之后加入1L水煮1小时左右。最后加入盐和彩椒粉调味。

酸橙汁拌章鱼干

阿鲁道阿库（**アルド アツク**）酒井

材料（1人份）

章鱼干（瓦伦西亚风味※本栏下方图片）…40g

红洋葱（切成细丝）…20g

西芹（切成薄片）…10g

欧芹…5g

圣女果（切成弧形）…2个

酸橙（挤汁）…1/2个

橄榄油…50mL

盐、胡椒粉…各适量

※ 瓦伦西亚风干章鱼：章鱼不冷冻、清洗内脏、去除黏液后，切成适当大小，在阳光下晒1天。在瓦伦西亚地区、经常制作成半熟状态。

1 将章鱼干用喷烧器小火烤后切成薄片。

2 将章鱼干片和其他材料充分混合、装盘。

香味章鱼

麻布长江 香福筵 田村

材料（2人份）

水煮章鱼（足，做法参照下页）…2根

干燥米（※碾碎）…8g

A
┌ 香菜茎（切成末）…5g
│ 大蒜新芽（切成末）…5g
│ 大蒜（切成末）…5g
└ 小葱（切成末）…10g

B
┌ 盐…少量
└ 花椒（中国山椒）…少量

辣椒粉…适量

色拉油…少量

炸食品专用油…适量

※ 干燥米：将大米放入水中煮、煮至变软之后放在方盘上薄薄地铺开、使其干燥。

1　平底锅中放入少量色拉油，放入水煮章鱼足煎（注意不要将章鱼皮弄破）。

2　将碾碎的干燥米放入加热至200℃的油中炸至金黄。

3　将食材A放入步骤2的油锅中炒，炒出香味之后，将干燥米重新倒入锅中，之后用食材B调味。

4　在容器中盛入步骤1的章鱼足、在上面放上步骤3的材料。之后在周围撒上辣椒粉即可。

水煮章鱼（容易制作的量）

章鱼…1只

萝卜泥…1/2根

盐…适量

酱油…少量

C
┌ 按照以下比例制作调味料
│ 水：酒：酱油：砂糖
└ 5：1：0.8：0.3

1　去除章鱼的内脏和墨囊、在章鱼上放上盐揉搓去除黏液，用流水清洗干净。

2　将章鱼用萝卜泥揉搓20分钟左右，放到流水下冲洗。

3　沸水中加入少量酱油，放入步骤2的章鱼快速地煮。

4　将C部分材料混合放入锅中，加入步骤3的章鱼，小火煮2.5～3个小时。煮出香味后加水。

5　关火、冷却即可。

炸青紫苏叶章鱼

赞否两论（賛否両論）　笠原

材料（4人份）

章鱼（煮软，做法参照本页左侧）…1/4只

青紫苏叶…20片

黄花菜…适量

低筋面粉…适量

A
┌ 啤酒…200mL
└ 低筋面粉…100g

炸食品专用油…适量

酸橘（切成两半）…1个

盐…少量

1　将煮软的章鱼切成适口大小，涂上低筋面粉。

2　青紫苏叶切成细丝、用水快速冲洗后沥干水分。

3　将食材A混合均匀做成面衣。

4　用步骤3的材料将步骤1的食材包裹、粘上步骤2的材料，放入加热至170℃的热油中炸2～3分钟。将黄花菜也放入油中炸。

5　将步骤4的材料装盘，加入酸橘和盐即可。

粗茶煮章鱼

用粗茶煮章鱼后用黄韭和盐海带来
调整味道。

西瓜梅干铜钱章鱼

西瓜中加入梅干制作成汤汁，跟章鱼一
起食用很相配。非常适合在夏季食用。

赞否两论（賛否両論）风味
章鱼南瓜芋头片

水煮章鱼搭配南瓜沙拉和芋头片，制作出略带新意的芋头、章鱼、南瓜。

炸章鱼

用藕饼生坯包裹水煮章鱼之后炸。看起来像沙司的是熬制的水煮章鱼汁。

粗茶煮章鱼
赞否两论（賛否両論） 笠原

材料（容易制作的量）

章鱼…1只

韭黄…1把

盐海带…30g

香油…5大匙

盐…适量

萝卜泥…200g

A ┌水…3L
  │粗茶（叶）…100g
  └浓口酱油…3大匙

芥末（泥）…少量

1　将章鱼内脏清洗干净、用盐仔细揉搓去除黏液，之后放入碗中涂上萝卜泥，揉搓20分钟左右。之后用水冲洗。

2　将材料A混合放入锅中煮沸。将步骤1的章鱼头、章鱼足慢慢放入锅中，待章鱼足完全卷起之后，将章鱼全部放入锅中、中火煮5分钟。熄火，盖上锅盖，放置10分钟（图片1~4）。

3　将步骤2的章鱼用笊篱捞出冷却备用（图片5、6）。

4　将韭黄从一端切开，将盐海带切成末。混合之后用香油拌匀。

5　章鱼切成适口大小、装盘。加入芥末泥、盐、步骤4的材料。

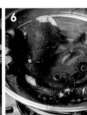

西瓜梅干铜钱章鱼
赞否两论（賛否両論） 笠原

材料（4人份）

章鱼（足）…1/4只

西瓜（果肉）…500g

梅干（含盐8%）…5个

香油…3大匙

盐…适量

紫苏花穗…少量

黑胡椒碎…少量

1　西瓜去子后加入去核的梅干和香油放入搅拌机中搅拌。

2　将章鱼足上加入盐仔细揉搓去除黏液、之后用水冲洗剥皮。从一端开始切成细长的宽度，不要切断，在切第3、4刀时切断。放入盐水中快速地煮，之后放入冰水中。吸盘也放入盐水中煮、捞出后放入冰水中。

3　容器中盛入步骤2的章鱼、倒入步骤1的材料。摆上紫苏花穗、再撒上黑胡椒碎。

  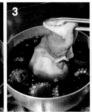  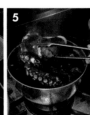

赞否两论（賛否両論）风味
章鱼南瓜芋头片

赞否两论（賛否両論） 笠原

材料（4人份）
水煮章鱼

- 章鱼（内脏清洗干净）…1/4只
- 盐…适量
- A
  - 水…1200mL
  - 酒…180mL
  - 浓口酱油…180mL
  - 味醂…180mL
  - 黑砂糖…100g
- 南瓜…1/4个
- B
  - 白味噌…80g
  - 鲜奶油…3大匙
  - 盐…少量
- 芋头…2个
- 芸豆…4根
- 炸食品专用油…适量
- 盐…适量
- 黄柚子皮…少量

1 制作水煮章鱼。章鱼用盐仔细揉搓、去除黏液，之后用清水洗净。用蒜臼轻轻拍打至柔软，之后放入沸水中焯水。

2 将步骤1的章鱼和食材A混合放入锅中，小火煮3个小时左右。

3 南瓜放入锅中蒸后去皮，用捣碎器将其压碎之后和B材料混合均匀。

4 芋头剥皮、切成薄片放入水中，之后沥干水分，放入加热至170℃的油中炸至酥脆。

5 将芸豆放入盐水中煮。

6 将步骤3的材料盛入容器中，将步骤2的章鱼和步骤5的芸豆切成适口大小加入容器中后将步骤4的芋头片插入南瓜泥中摆盘。最后撒上柚子皮末。

炸章鱼

赞否两论（賛否両論） 笠原

材料（容易制作的量）

- 章鱼（足，煮至变软，做法参照左侧）…2根（连同汤汁）
- 藕…250g
- A
  - 鸡蛋…1个
  - 马铃薯粉…1大匙
  - 盐…1/2小匙
  - 砂糖…1/2小匙
- 香油…1大匙
- 米粉…适量
- 炸食品专用油…适量
- 青海苔…适量
- 木鱼花…适量

1 将水煮章鱼足切成适口大小。

2 将少量章鱼汤汁煮沸，变稠后冷却备用。

3 削去藕的皮做成泥，加入食材A混合均匀。

4 平底锅中放入香油，加入步骤3的材料中火加热，一边加热一边用铲子搅拌。变成饼的硬度之后关火、冷却备用。

5 用步骤4的材料将水煮章鱼足丁逐个包起，涂上米粉，放入加热至170℃的油中炸3～4分钟。

6 将步骤5的材料装盘，涂上步骤2的材料，撒上青海苔、木鱼花即可。

章鱼肝、章鱼卵、章鱼普切塔

在面包上摆上章鱼身体和章鱼卵，
用章鱼肝作为沙司。
章鱼卵和肝比较大的情况下可以制作
这道菜肴。

红油章鱼片

用加入五香粉的甜酱油和辣油作为调味
料、搭配冷制章鱼一起食用。将章鱼在
半解冻状态下切开，可以切成非常漂亮
的薄片。

饭蛸白芦笋

使用春季时令食材，以"苦味"为主题
的一道菜肴。

饭蛸竹笋　橄榄沙司

将蒸好的饭蛸、竹笋、白色西芹放入以雪
莉酒为基础的腌泡汁中腌泡来增加味道。

章鱼肝、章鱼卵、章鱼普切塔

比库罗雷·横滨（ビコローレ·ヨコハマ）佐藤

材料

章鱼身体（蒸过※）…适量

章鱼卵（蒸过※）…适量

盐、胡椒粉、白葡萄酒醋、橄榄油…各适量

章鱼肝沙司（容易制作的量）

┌ 章鱼肝（蒸过※）…180g

│ 橄榄油…30mL

│ ┌ 大蒜（切成末）…1/2瓣（4g）

│ A 凤尾鱼（切成末）…1根（8g）

│ └ 刺山柑（用醋腌制，切成末）…3g

│ 白葡萄酒…20mL

│ 去皮整番茄（罐装）…80g

└ 盐…2g

面包（斜切成1cm厚的片）…适量

大蒜…适量

欧芹（切成末）…少量

※ 生章鱼清洗干净、从躯干中取出肝和卵（卵巢）备用。将清洗内脏之后的章鱼身体（躯干和足）用擀面杖等轻轻拍打，之后用盐揉搓，去除黏液，将章鱼肝和卵一起放入蒸锅中蒸熟备用。

1　章鱼肝沙司：平底锅中放入橄榄油，加入材料A炒至稍微变色。放入蒸好的章鱼肝继续炒，加入白葡萄酒，待酒精挥发后，加入去皮整番茄。加盐调味后放入搅拌机中搅拌。

2　将蒸好的章鱼身体和章鱼卵切成1cm见方的小块，用盐、胡椒粉、白葡萄酒醋、橄榄油拌匀。

3　将面包放入烤盘上烤（两面），用大蒜的切面来回摩擦面包调味，摆上步骤2的材料、撒上步骤1的沙司。最后撒上欧芹末即可。

红油章鱼片

麻布长江 香福筵　田村

材料（2人份）

水煮章鱼（足，参照P247）…2根

┌ 甜酱油（※）…3大匙

A 辣油…2大匙

└ 芝麻（煎）…适量

┌ 香菜…适量

B 美食花…适量

└ 金莲花…适量

※ 甜酱油：将酱油和粗粒砂糖按照1:1的比例混合，加入适量五香粉，小火熬至材料收干至2/3左右。将做好的材料和酱油按照1:0.8的比例混合，再加入少量蒜末即可。

1　将水煮章鱼足冷冻。

2　将步骤1的材料移入冷藏室中、慢慢解冻。待达到半解冻状态后纵向切成极薄的片。

3　将步骤2的材料盛到容器中。淋上调料A，之后撒上材料B即可。

饭蛸白芦笋

海罗亚（Hiroya）福岛

材料（1人份）

饭蛸…1只

白芦笋…2根

盐、酒、橄榄油…各适量

款冬花茎塔塔酱

- A
  - 蒜泥蛋黄沙司（参照P66）…适量
  - 煮鸡蛋（煮至半熟之后轻轻压碎）…适量
  - 火葱（切成末）…适量
  - 欧芹（切成末）…适量
  - 帕马森干酪（切碎）…适量
  - 炸款冬花茎（※）…适量
- 柠檬汁、盐…各适量

红马铃薯、紫马铃薯…各适量

炸食品专用油…适量

炸款冬花茎（※）…适量

※ 炸款冬花茎：将款冬花茎切成小块、放入加热至180℃左右的油中直接炸、之后用厨房用纸将款冬花茎表面的油吸干。

1　将饭蛸的墨囊、眼睛、嘴去除，放入盐水中浸泡后用清水清洗。放入碗中，洒上酒之后盖上保鲜膜，调至58℃蒸5～6小时备用。

2　锅中加热，放入少量橄榄油后放入白芦笋、盖上锅盖，慢慢烤至变得焦黄。用盐调味。

3　款冬花茎塔塔酱：将材料A混合均匀，用柠檬汁和盐调味。

4　将红马铃薯和紫马铃薯剥皮，纵向切成薄片后用油炸成薯片。

5　容器中放入步骤3的塔塔酱、步骤1的饭蛸（切成适口大小）、步骤2的芦笋、撒上炸款冬花茎，最后加入步骤4的薯片。

饭蛸竹笋　橄榄沙司
海罗亚（Hiroya）　福岛

材料（1人份）

饭蛸…1只	大蒜（压碎）…少量
竹笋…1/2根	欧芹（切成末）…少量
白色西芹…适量	盐、橄榄油…各适量
洋葱…适量	

- A
  - 雪莉酒…适量
  - 生姜（泥）…少量
  - 大蒜（泥）…少量

雪莉醋…适量

橄榄沙司

- B
  - 黑橄榄…适量
  - 大葱沙司（参照P268）…适量
  - 蛋黄酱…适量
  - 欧芹沙司（将烤过的大蒜、花生、欧芹、橄榄油混合放入搅拌机中搅拌、过滤）…适量
  - 盐、柠檬汁…各少量
- * 将B部分材料混合均匀、加入盐和柠檬汁调味。

番茄干（自家制※）…1个

树芽…少量

※ 番茄干：小番茄放入热水中浸泡片刻后去皮，加入盐、橄榄油、大蒜，放入80℃的烤箱中慢慢烤、去除水分。

1　饭蛸去除墨囊、眼睛、嘴后放入少量盐揉搓去除黏液。分成躯干和足2个部分。

2　平底锅加热，放入橄榄油和大蒜，待炒出香味后加入欧芹，再放入步骤1的饭蛸（用少量盐腌制）炒至变软。取出足和躯干放入烤箱中烤。

3　用锡箔纸将竹笋（带皮）包起来放入烤箱中烤后剥皮，切成适口大小。白色西芹放入水中快速焯水。

4　将食材A混合均匀，用盐和雪莉醋调味。放入饭蛸的躯干和足（步骤2）、步骤3的竹笋和白色西芹腌制备用（腌制一晚上就可以入味）。

5　将洋葱切成适口大小，放入盐和橄榄油调味，放入烤箱中烤至断生后放入雪莉醋腌泡（※）。

6　将步骤4的饭蛸和蔬菜连同适量的腌泡汁一起盛到容器中。加入步骤5的洋葱和橄榄沙司，加入番茄干、摆上树芽即可。

※ 腌泡洋葱：只需10分钟左右就可以入味，提前制作好也可以。刚刚做好的和发酵的食材味道和口感都不同，可根据自己喜欢的口味制作即可。

番茄煮白芸豆饭蛸

吸收了饭蛸和番茄味道的芸豆和沙司
也很好吃。

番茄煮马铃薯饭蛸

用美味的番茄简单地煮。
饭蛸、马铃薯味道都
特别好。

冷拌金橘饭蛸

酸甜的金橘很适合搭配饭蛸一起食用。将饭蛸的躯干和足分开、分别烹制。

红烧饭蛸芥末冻油菜花

清爽的芥末冻搭配肥美的饭蛸。

熏制饭蛸

将稍微熏制的饭蛸和草莓的搭配很有趣。

番茄煮白芸豆饭蛸

比库罗雷·横滨（ビコローレ·ヨコハマ）佐藤

材料（10人份）

饭蛸…1.5kg	白葡萄酒…300mL
白芸豆（干燥）…100g	去皮整番茄（罐装，过
大蒜（切成末）…1瓣	滤备用）…2kg
红辣椒…1/2根	橄榄油…适量
盐…适量	

番茄脆片（容易制作的量）

面包粉…40g	寒天粉…适量
番茄酱…50g	* 将所有材料混合薄薄地
水…80mL	摊开，放入85℃的烤箱
盐…少量	中使其干燥。

1　将白芸豆放在水中，浸泡1个晚上。去除饭蛸的墨囊、眼睛、嘴，用盐揉搓去除黏液。

2　锅烧热，放入橄榄油和大蒜、红辣椒翻炒。炒至大蒜变色后加入步骤1的饭蛸继续炒。之后加入白葡萄酒。

3　待酒精成分挥发后，放入去皮整番茄和步骤1的白芸豆、小火煮至柔软。用盐调味。

4　将步骤3的材料装盘、转圈淋入橄榄油，加入番茄脆片。

番茄煮马铃薯饭蛸

阿鲁道阿库（アルドアツク）酒井

材料（4人份）

饭蛸（去除墨囊、眼睛、嘴）…10只

大蒜（切成末）…1瓣

洋葱（切成末）…150g

马铃薯（削皮之后切成适口大小）…300g

红甜椒（生、切成末）…2个

番茄（用开水去皮、连同籽切成大块）…400g

月桂叶…1片

白葡萄酒…200mL

彩椒粉…10g

盐…适量

橄榄油…10mL

欧芹…少量

1　锅烧热后倒入橄榄油，加入大蒜和洋葱翻炒。炒出香味后加入饭蛸、马铃薯、红甜椒继续炒。

2　步骤1的材料中放入番茄和月桂叶。煮至呈沙司状之后加入白葡萄酒、彩椒粉、盐煮30分钟。

3　装盘，撒上欧芹即可。

冷拌金橘饭蛸

麻布长江 香福筵　田村

材料（2~3人份）

水煮饭蛸（参照P259）…2只（连同汤汁）

韭黄…15g

金橘…1个

三温糖…5g

醋…10mL

1　将水煮饭蛸的躯干、足切成适口大小。韭黄切成3cm长的段、快速焯水之后冷却。金橘切成3mm宽的厚片。

2　碗中放入步骤1的材料和适量水煮饭蛸汤汁、三温糖、醋，轻轻拌匀。

3　将步骤2的材料装盘。

水煮饭蛸（容易制作的量）

饭蛸…5只

盐…适量

A ┌ 清汤（中餐清汤）…1L
　│ 酒…50mL
　└ 淡口酱油…100mL

芥末…1/2大匙

1　在饭蛸上面撒上盐仔细揉搓、之后用清水冲掉黏液。切成足和躯干2个部分。

2　将位于躯干内部的墨囊取下，注意不要弄破、同时去除眼睛。之后将开口处用牙签固定。去除位于足部中央的嘴巴。

3　将食材A放入锅中煮开、冷却之后加入芥末混合均匀。在其他锅中将水煮沸、放入步骤2的躯干焯15秒左右后放入冰水中冷却。足也放进去焯20秒左右后放入冰水中后，倒入装有食材A的锅中浸泡备用。

4　将步骤4的躯干放入真空袋中，加热（75℃）40分钟。连同真空袋一同放入冰水中冷却，之后从袋中取出，放入步骤3中腌泡备用（3个小时左右）。

红烧饭蛸芥末冻油菜花

赞否两论（賛否両論） 笠原

材料（4人份）

饭蛸…4只

油菜花…1把

盐…适量

A ┌ 水…1200mL
　│ 酒…180mL
　│ 浓口酱油…180mL
　│ 味醂…180mL
　└ 黑砂糖…100g

B ┌ 汤汁…200mL
　│ 淡口酱油…15mL
　└ 味醂…15mL

芥末冻

C ┌ 汤汁…270mL
　│ 淡口酱油…20mL
　└ 味醂…20mL

明胶…4.5g

芥末酱…2小匙

樱花（用盐腌渍、之后放入水中洗掉盐分）…少量

1　饭蛸去除墨囊、眼睛、嘴巴、用盐揉搓去除黏液，之后将躯干和足分开。

2　锅中放入A部分材料煮开，放入步骤1的躯干中火煮10分钟左右。之后放置备用。将步骤1的足也放入锅中快速焯水后取出。待汤汁冷却后将躯干和足重新放入锅中浸泡备用。

3　油菜花放入盐水中焯水后放入B部分材料中浸泡备用。

4　芥末冻：将食材C煮开、放入明胶将其溶化后将锅底放在冰水上，冷却凝固。最后加入芥末酱混合均匀。

5　将步骤2和步骤3的材料切成适口大小、装盘、撒上步骤4的材料，最后撒上樱花即可。

熏制饭蛸

赞否两论（賛否両論） 笠原

材料（4人份）

饭蛸…4只

草莓…4个

水芹…1把

盐…适量

黑胡椒碎…少量

·熏制用芯片（樱花树）…适量

A ┌ 香油…3大匙
　│ 淡口酱油…1大匙
　│ 柠檬汁…1大匙
　└ *混合。

1　饭蛸去除墨囊、眼睛、嘴巴，用盐揉搓去除黏液，之后将躯干和足分开。躯干放入盐水中煮10分钟左右。足撒上盐。

2　将步骤1的躯干和足用樱树芯片熏5分钟左右。

3　草莓去除根蒂部分、切成4等分的弧形。摘下水芹的叶。

4　将步骤2、3的材料装入容器中、转圈撒上A部分材料，最后撒上黑胡椒碎即可。

水蛸

芥末拌水蛸白菜

白菜搭配水蛸一起食用，口感清爽而不腻。
芥末口味更是让人回味无穷。

麻酱吸盘海蜇头

可以享受独特口感的菜肴。芝麻沙司的
加入更是锦上添花。

五彩水蛸

将水蛸做成5种口味，
是很有趣的一道菜肴。

青豆瓣拌水蛸

蚕豆搭配绿辣椒和日本胡椒制作的自制
青豆瓣酱，清爽香辣、味道鲜美。

芥末拌水蛸白菜

赞否两论（賛否両論）笠原

材料（4人份）

水蛸（足）…200g

白菜…1/6棵

A
- 砂糖…4大匙
- 芥末粉…1大匙
- 粗盐…1大匙
- 醋…1/2大匙
- 味醂…1大匙

小葱（从一端横切）…适量

1　将白菜叶切成大块，茎切成5cm长的条。

2　水蛸剥皮切成薄片、放入水里快速煮之后放入冰水中。将吸盘也放入水中煮。沥干水分备用。

3　将步骤1、2的材料放入碗中，加入调料A揉匀后放入冰箱中腌泡3个小时以上。

4　将步骤3的材料装盘、撒上小葱即可。

麻酱吸盘海蜇头

麻布长江 香福筵　田村

材料（2人份）

海蜇头（炮弹水母）…60g（泡发）

水蛸的吸盘…60g

黄瓜…20g

盐…少量

芝麻沙司（容易制作的量）

- 酱油…3大匙
- 砂糖…1/2大匙
- 醋…1大匙
- 香油…1/2大匙
- 大葱（切成末）…2大匙
- 生姜（切成末）…1大匙
- 芝麻酱…3大匙

1　将水蛸的吸盘放入沸水中焯15秒左右，之后放入冰水中冷却。黄瓜切成对角线为1cm×2cm的菱形，用少量盐拌匀备用。放置10分钟左右沥干水分。

2　将芝麻沙司的材料混合均匀。

3　将步骤1的吸盘、海蜇头（切成大块）、黄瓜装盘，之后淋上2大匙步骤2的芝麻沙司。

五彩水蛸
赞否两论（贊否両論） 笠原

材料（容易制作的量）

水蛸（足）…1根

盐…适量

A ┌ 芥末（泥）…1大匙
  └ 盐…1/2小匙

B ┌ 芥末粉…1大匙
  │ 白味噌…1小匙
  │ 醋…1小匙
  │ 淡口酱油…1小匙
  └ 砂糖…1小匙

C ┌ 梅花肉（红）…1大匙
  └ 蜂蜜…1小匙

D ┌ 黑芝麻粉…1大匙
  │ 浓口酱油…1大匙
  └ 柚子胡椒…少量

E ┌ 香油…1大匙
  └ 盐…少量

小蒜（甜醋腌泡）…30g

酸橘（切成两半）…1个

黄瓜（装饰用）…适量

红蓼…适量

1 将食材A、食材B、食材C、食材D分别混合均匀。小蒜切成末、用食材E拌匀。

2 水蛸剥皮、切成透明的薄片。

3 将步骤2的材料分别摆在盘子上的五个位置，分别放上步骤1的材料。摆上酸橘、黄瓜（装饰用）、红蓼作为点缀。

青豆瓣拌水蛸
麻布长江 香福筵 田村

材料（4～5人份）

水蛸（足）…1只

青豆瓣酱（参照本页下）…适量

盐…适量

花椒…适量

1 在水蛸上面涂上盐揉搓、去除黏液，之后用流水洗净。将皮和吸盘一并去除。

2 将步骤1的材料沥干水分，用喷烧器烤其表面。之后切成薄片。

3 将步骤2的材料用青豆瓣酱拌匀。装盘、撒上花椒。

青豆瓣酱（容易制作的量）

蚕豆（去皮）…500g

酒酿（※）…100g

盐…30g

朝天椒…80g

青辣椒…150g

※ 酒酿：由糯米和酒母经过发酵制作而成。

1 将蚕豆放入食品料理机中磨碎，放入酒酿、盐混合均匀、常温放置2～3天使其发酵。

2 将朝天椒和青辣椒放入食品料理机中磨碎，放入步骤1的材料混合再放置2天左右，使其发酵。

秋葵拌水蛸

将水蛸放入热油中炸，味道和口感
刚刚好，与生食的味道完全不同。

水蛸红爪虾　红葡萄酒沙司

应顾客要求制作一道搭配葡萄酒的海鲜菜肴，
因此在水蛸的基础上又加入了虾来制作。
使用盐渍肉干是整道菜的点睛之处。

薄切水蛸　西班牙冷汤

使用黄瓜和猕猴桃制作新鲜绿色冷汤，
搭配水蛸一起食用。

水蛸刺山柑番茄沙司意面

将水蛸做成大块肉末作为配料，制作成
法式意面。

秋葵拌水蛸

赞否两论（賛否両論）笠原

材料（4人份）

水蛸（足）…1根

秋葵…8根

盐…少量

炸食品专用油…适量

A ┌ 汤汁…500mL
  │ 淡口酱油…40mL
  │ 味酥…40mL
  └ 醋…40mL

B ┌ 汤汁…50mL
  └ 盐…少量

紫苏花穗…少量

1　水蛸去皮、切成格子状，放入加热至180℃的油中快速炸。

2　将调料A煮沸之后冷却、放入步骤1的材料浸泡半天以上。

3　将秋葵加盐揉搓、去除表面的绒毛，之后焯水、再放入到冰水中。沥干水分后切成两半、去除里面的籽。用菜刀拍打后加入食材B混合均匀。

4　将步骤2的材料切成适口大小，用喷烧器快速烘烤。

5　将步骤4的材料盛到容器上、撒上步骤3的材料，最后摆上紫苏花穗即可。

水蛸红爪虾　红葡萄酒沙司

海罗亚（Hiroya）福岛

材料（1人份）

水蛸（脚）…适量

红爪虾（熊虾）…2只

橄榄油、日本酒…各适量

红葡萄酒（经过熬制）…适量

法式汤汁（参照P93）…少量

虾汁（※熬制）…少量

火葱（切成末）…少量

大蒜（压碎）…少量

西蓝花茎…1根

小洋葱（涂上橄榄油、放入烤箱中烤后
　　切成两半）…1个

虾汁（※）…少量

盐渍肉干（参照P162。切成薄片）…少量

炸圆白菜…适量

※ 虾汁：锅中放入橄榄油，放入虾头充分翻炒后加入白兰
　　地，之后加水煮开、过滤。

1　水蛸放入水中浸泡后用清水洗净。吸盘的中间要注意仔细清洗。锅中加入日本酒和水，放入水蛸小火煮后取出。

2　制作沙司。将步骤1的汤汁熬干、加入红葡萄酒、少量法式汤汁、虾汁。火葱用橄榄油小火炒香备用。

3　红爪虾去除头部、剥壳去除虾线、涂上少量橄榄油。平底锅烧热后加入红爪虾大火快速炒至表面金黄（飘出香味），放入烤箱中烤。剥去头部（含有味噌）的外壳、用喷烧器烤。

4　平底锅加热，放入少量橄榄油和压碎的大蒜、西蓝花茎、小洋葱快速翻炒，之后加入少量虾汁盖上锅盖蒸。

5　容器中加入步骤2的沙司和火葱及步骤1的水蛸（切成适口大小），盛入步骤3、4的材料。最后加入盐渍肉干和炸圆白菜。

薄切水蛸　西班牙冷汤

比库罗雷·横滨（ビコローレ·ヨコハマ）佐藤

材料（容易制作的量）

水蛸（足）…1只

盐、胡椒粉、柠檬汁…各适量

西班牙冷汤

A ┌ 黄瓜…2根
　│ 洋葱…1/2个
　└ 猕猴桃…2个

B ┌ 迷迭香…1枝
　│ 细叶芹…1枝
　│ 橄榄油…100mL
　│ 柠檬汁…1/2个
　└ 盐、白胡椒粉…各适量

└ 盐…适量

莳萝花、小番茄、橄榄油…各适量

1　水蛸上面涂上盐揉搓、去除黏液、之后剥皮。躯干切成适口大小、在表面上划几刀（更易入味），再撒上盐、胡椒粉、柠檬汁。将吸盘一个一个取下备用。

2　制作西班牙冷汤。将食材A全部切成1cm见方的小块、撒上盐腌泡30分钟。之后连同腌泡汁一起放入搅拌机中，加入食材B搅拌。充分冷却备用。

3　盘子中倒入步骤2的材料、摆上步骤1的脚和吸盘、莳萝花，撒上小番茄后淋一圈橄榄油即可。

水蛸刺山柑番茄沙司意面

比库罗雷·横滨（ビコローレ·ヨコハマ）佐藤

材料（容易制作的量）

意大利扁面条（干燥）…60g（1人份）

水蛸（脚）…200g

A ┌ 洋葱…1/2个
　│ 胡萝卜…1/2个
　│ 西芹…1根
　└ 大蒜…1/2瓣

红辣椒（切成丝）…1根

白葡萄酒…100mL

去皮整番茄（罐装）…500g

黑橄榄（去籽）…适量

刺山柑（用醋腌制）…适量

欧芹（切成丝）…少量

橄榄油…适量

盐…适量

1　将水蛸放入蒸锅中蒸至变软，切成2cm见方的小块，放入搅拌机中搅拌成粗粒肉末。

2　将食材A全部切成末、连同红辣椒一起放入涂了橄榄油的锅中用小火炒。

3　在步骤2的材料中放入步骤1的材料翻炒。加入白葡萄酒，待酒精挥发之后加入去皮整番茄、黑橄榄、刺山柑，小火煮30分钟左右。

4　将步骤3的材料放入1人份的平底锅中，放入意大利扁面条（用盐水煮过）拌匀。

5　装盘，撒上欧芹丝，淋一圈橄榄油即可。

补充配料

P55 [佐藤]
浓汤（容易制作的量）

- 大蒜（纵向切成两半、取出芯的部分）…1瓣
- 洋葱（切成薄片）…1个
- 胡萝卜（切成薄片）…1/2根
- A 西芹（切成薄片）…2根
- 月桂叶…1片
- 百里香…1枝
- 迷迭香…1枝

橄榄油…100mL
虾壳和虾头…1kg
无盐黄油…100g
白兰地…80mL
去皮整番茄（罐装）…1250g

1 锅烧热后，倒入橄榄油和食材A，小火炒出香味。

2 将虾壳和虾头放入加热至180℃的烤箱中烤至酥脆。

3 将步骤2的材料放入步骤1的锅中，加入无盐黄油将其化开。淋入白兰地。

4 待酒精成分挥发后放入去皮整番茄，加水（没过材料）煮30分钟左右。

5 将步骤4的材料放入搅拌机中搅拌，先用大孔锥形过滤器过滤。之后用小孔过滤器再次过滤。剩下的无法过滤的壳也取出备用（可以用来制作P82的虾味米粉脆）。

P59 [加藤]
山椒塔塔酱（容易制作的量）

山椒…200g

- 水…100mL
- 日本酒…100mL
- A 酱油…100mL
- 砂糖…50g

蛋黄…1个
米糠油…200mL
米醋…10mL
盐、白胡椒粉…各适量
水溶性芥末…2g

1 将山椒清洗干净、放入盐水中快速焯水、之后放进碗上面的笊篱里、用水冲洗1个小时以去除涩味。沥干水分后移到锅中，加入食材A煮15分钟。

2 碗中放入蛋黄，一边少量多次加入米糠油一边用打蛋器打发，之后放入米醋、盐、白胡椒粉、水溶性芥末混合均匀。

3 将步骤1的山椒（10g）切碎，放入步骤2的材料中混合均匀。

P66 [福岛]
大葱沙司（容易制作的量）

大葱（切成大块）…3根
鸡汤（※）…约300mL
橄榄油…少量

※ 鸡汤：将鸡骨架的血污和脂肪去除后放入水中煮2个小时左右（保证水一直是没过鸡架的状态）。中途撇去浮沫（不加蔬菜）。

平底锅中加入橄榄油、放入大葱小火炒（盖上盖子）。炒软之后加入鸡汤再煮一会儿。放入搅拌机中搅拌、过滤。

P240　[酒井]

章鱼的预处理

章鱼…1只（1kg）

水…2L

洋葱…1个

月桂叶…1片

1　将章鱼（活）去除内脏冷冻。

2　使用前一天将其转移到冷藏室中自然解冻，放到流水下揉搓去除黏液。

3　锅中放入适量水，加入剥了皮的洋葱和月桂叶煮沸。

4　握住章鱼的头，只将章鱼足放入步骤3的沸水中，待足部卷起马上拿出来。如此操作三次后，再将整个章鱼放入沸水中（图片1~6）。

5　盖上锅盖、小火煮20分钟（图片7、8）。

6　熄火后闷10分钟，之后用笊篱捞出，沥干水分（图片9）。

※ 经过冷冻后、章鱼的肌肉纤维会断、煮的时候会变柔软。另外，如果用盐揉搓会变硬，可以放到水流下面揉搓。

※ 煮至富有弹性的、可以咬动的状态最佳。

※ 煮好的章鱼冷藏保存，使用时放在汤汁中煮至温热即可。

※ 汤汁可以做汤、也可以熬制成沙司使用。

如何预防食物中毒

鱼类和贝类中携带的寄生虫虽然食用后不会影响健康，但可能会引起食物中毒。以下为处理食材时需要注意的事项和预防措施。

防止寄生虫对策

荧光乌贼：有可能寄生旋尾线虫。如果与内脏一并食用，需要放在-30℃冷冻至少4天。加热时需要放入沸水中保持30秒以上，或者放在60℃或更高的中心温度的水中加热。

乌贼：应该注意海兽胃线虫，但是如果充分加热和冷冻便可以将寄生虫杀死。加热至70℃的瞬间，或者加热至60℃煮1分钟即可将寄生虫杀死。另外，放在-20℃冷冻24小时以上也可以杜绝感染。

泽蟹和藻屑蟹等淡水蟹：极有可能感染肺吸虫病幼虫。因此一定要在充分加热之后食用。另外，烹制时使用的菜刀和菜板不可直接用于制作蔬菜等。另外，在敲打、击碎生蟹时，要防止散落的蟹粘到其他人的身上。

参考文献

·《甲壳类学》(朝仓彰编著/东海大学出版社)
·《原色日本大型甲壳类图鉴（Ⅰ）、（Ⅱ）》(三宅贞祥著/保育社)
·《乌贼·章鱼指南》(土屋光太郎、山本典暎、阿部秀树著/TBS-BRITANNICA股份公司)
·《探索乌贼的心》(池田让著/NHK出版)
·《Marchè料理食材大图鉴》(大阪阿倍调理师专门学校监修/讲谈社)

厨师介绍

加藤邦彦

1977年出生于宫城县。最初因为喜欢虾和蟹加入"蟹道乐"。开始学习甲壳类动物的基本处理和烹饪。之后在京都的一家餐厅学习了3年半，掌握日式料理的基础知识之后，他去了新西兰并在当地的日本料理店工作3年。回到日本后，在东京·新宿（现已迁至银座）的中式餐厅"Renge"学习两年半中餐的烹制技术，并于2012年开设以甲壳类为主的日式餐厅"产贺"（うぶか）。提供使用各种各样的虾和蟹制作的甲壳类教程。采用国产素材、以日式做法为基础、并融入了其他烹制方式，最大限度发挥每种甲壳类动物的特长。

笠原将弘

1972年出生于东京。高中毕业后，在"正月屋吉兆"学习了9年。之后，继承了著名的烤鸡肉串店、并经营了4年半。在该店经营30周年时关闭。2004年开设了现在的店铺"赞否两论（賛否両論）"。提供价格合理、口碑较好的日式料理直至深夜。另外，在店里"师傅"这个称呼也是从父亲那继承而来的。2013年开设"赞否两论（賛否両論）名古屋"，2014年在广尾开设"赞否两论"。在烹饪料理的同时，他也活跃在电视、杂志上，每天过得非常充实。著有《笠原将弘的调味寿司》《笠原将弘的日式沙拉100例》《笠原将弘的儿童套餐》，合著有《猪油食谱》（日本柴田书店刊）等多部作品。

福嵩 博志

1980年出生于和歌山县。大学毕业后在意式餐厅工作两年半，之后前往欧洲。在比利时、法国磨炼技术两年半。之后回到日本。师从"日本料理 龍吟"学习日式料理的技术和思考方式。之后在"Zurriola"工作，2013年开始创业。在东京·南青山开设"Hiroya"。店里以法式料理做法为核心、融入其他种类的做法，提供超越传统范畴的料理。并传达一种"自己享受美味"的简单理念。

佐藤护

1967年出生于东京都。在东京·青山的"Sabatini Roma"学习制作传统罗马料理，1997年去往意大利。在约4年半的时间里，从北到南在意大利各地的14家餐厅钻研烹饪技术。2001年回国后，在"O Pulecenella"（神奈川·横滨）、"Ristorante Cascina Canamilla"（东京·中目黑）任厨师，2013年开始创业，开设"Trattoria Bicolore Yokohama"（神奈川·横滨）。提供重视传统技法的料理，深受众多粉丝的喜爱。

酒井凉

1981年出生于埼玉县。从2002年开始，在"San Isidro"（东京·涩谷，现已移至参宫桥）担任厨师长达8年，并跟从店主大月千寻学习西班牙各地料理。之后他参与了"Bar Maquó"（东京·牛込神楽坂）的开设，并在这家店供职一年。

2012年创业开设"Ardoak（**アルドアック**）"。这家餐厅只提供8个座位、并提供西班牙料理。晚餐的套餐是'TRADICIONAL'、由不同地区的传统西班牙当地美食组成，菜单每三个月更换一次。晚餐套餐'Degustacion'以当地美食为基础，使用少许日本当季食材制作而成。

田村亮介

1977年出生于东京。高中毕业后进入烹饪学校学习。毕业后，开始研究中国料理。先后在广东名菜"翠香园"、"华湘"积累经验，2000年加入"麻布长江"。2005年他前往中国台湾地区，在四川料理、斋菜馆学习正宗中餐做法并积累经验。2006年回到日本、担任"麻布长江 香福筵"餐厅的厨师长。2009年成为餐厅的合伙人［该店视搬至南青山，并更名为"慈华"（音译）］。著有《最新鸡肉料理》《可以使用的鸡蛋菜谱》（日本柴田书店刊）。

图书在版编目（CIP）数据

虾蟹料理图鉴 / 日本柴田书店编；刘红妍，朱凯歌译. —
北京：中国轻工业出版社，2022.12
ISBN 978-7-5184-3855-6

Ⅰ. ①虾… Ⅱ. ①日… ②刘… ③朱… Ⅲ. ①蟹肉—
烹饪—图集 ②虾肴—烹饪—图集 Ⅳ. ① TS972.126.2-64

中国版本图书馆 CIP 数据核字（2022）第 005944 号

责任编辑：卢　晶　　责任终审：李建华
整体设计：锋尚设计　　责任校对：宋绿叶　　责任监印：张京华

出版发行：中国轻工业出版社（北京东长安街6号，邮编：100740）
印　　刷：北京博海升彩色印刷有限公司
经　　销：各地新华书店
版　　次：2022年12月第1版第1次印刷
开　　本：787×1092　1/16　印张：17
字　　数：450千字
书　　号：ISBN 978-7-5184-3855-6　定价：138.00元
邮购电话：010-65241695
发行电话：010-85119835　传真：85113293
网　　址：http://www.chlip.com.cn
Email：club@chlip.com.cn
如发现图书残缺请与我社邮购联系调换
200292S1X101ZYW